ノンフィクション

ペルシャ湾の軍艦旗

海上自衛隊掃海部隊の記録

碇 義朗

潮書房光人社

序――パイオニアの姿

自衛隊の国外任務遂行の先駆けとなったのは、平成三年ペルシャ湾へ派遣された掃海部隊であった。どの世界でも先駆者としての立場に置かれた人々は、未踏の荒地を切り開く重荷を担っている。そしてその任務を全うしたことによってパイオニアとしての栄誉が与えられるであろう。落合指揮官を始めとする掃海部隊の隊員たちは、まさにパイオニアの名にふさわしい人々であった。

平成二年八月のイラク軍のクウェート侵攻という事態に直面して、巨額の資金を提供しながら国際社会の評価をえられなかったわが国にとって、残された唯一のカードともいうべき方策が、湾岸戦争終了後のペルシャ湾での機雷排除作戦であった。平成三年二月二八日の湾岸戦争戦闘停止の直後から、掃海部隊のペルシャ湾派遣の機運が表面化したが、当時の政治情勢は政府の早期決断をもたらすには至らず、四月一六日になってはじめて部隊派遣の検討が防衛庁長官から海上自衛隊に指示された。

四月二四日、政府は掃海部隊派遣を正式決定、そのわずか二日後、五一一名の隊員が乗り組んだ六隻の艦艇が三ヵ所の母港から出港し、奄美大島での部隊集結を経て、長駆ペルシャ湾へと向かった。

わずかな準備期間と正式決定までの秘密保全は、派遣隊員及びその家族にとって大きな負担となったが、部隊派遣公表まで秘密は完全に守られた。また、隊員の意欲とそれを支えた家族の姿は見事であった。

ある隊員は難病の妻と幼い子供を抱えていたが、親族会議を開いて後のことは心配しないで行ってくれと送り出された。ある若い隊員は、次の連休に結婚する準備を進めていたが、躊躇することなくこの派遣に参加した。派遣準備中に父を失った隊員は休暇を与えられたが、皆が一生懸命準備しているからと言って直ぐに艦に戻って来た。前年に掃海艇長の教育を終えたばかりの若い艇長は、新妻が間もなく初出産という状況であったが、「家内にはこういうことがあったら自分は行くと言ってありますから大丈夫です」と答えてくれた。

一方、出港前の懇談の中で、「毎日遅くまで準備に没頭していたために、子供の寝顔しか見ることができなかった」、「万一のことがあったら、子供が大学を出るまで国で面倒を見て欲しい」と述べた隊員の言葉も、心に強く突き刺さっている。

部隊が掃海作業を始めて一ヵ月を過ぎた頃、私は現地へ行く機会を与えられた。そこで目の当たりにした隊員のチームワークと士気は、感動的であった。掃海作業を終えた掃海艇が夜間になって帰投すると、待ち構えていた掃海母艦と補給艦の乗員が洗濯や風呂の世話を行ない、掃海艇の乗員は彼らの好意に心から感謝し、互いの心の通い合いを肌で感じることができた。

またペルシャ湾内航行の際に、艦の軸先で浮遊機雷の見張りに立っていたベテラン海曹の言葉は、「自分たちは相当長く生きてきた。若い隊員には先があるから少しでも安全なところに彼らを置いてやりたい」というものだった。若い隊員たちは、そういう先輩たちの背中を見てその意気を感じ、非常に明るく仕事に取り組んでいた。これが現地での行動中、服務事故皆無、艦艇の稼働率一〇〇パーセントという成果を挙げた原動力であろう。

五一一名の艦艇乗組員のほかに三名の連絡幹部がいた。現地の日本大使館において大使の絶大な信頼を得ながら、各国や部隊との連絡調整と後方支援を担当し、まさに縁の下の力持ちの厳しい仕事を淡々と行なっていた。私は彼らを含めた五一四名が、パイオニアとしての仲間であると受け止めている。

さらに、特筆すべきは指揮官のリーダーシップである。若い隊員が私の問いに、「厳しい、しかし親父がやろうというからやるんです」と、本当に明るい声で何の衒いもなく答えてくれたように、落合指揮官に対する部下の信頼は絶大なものがあった。また米海軍士官のコメントの一つが、「コモドー落合は、隊員一人ひとりのことをよく考え、認識してやっている。誠に見事なリーダーシップだ」というものであった。しかしながら、指揮官としてその苦悩も深かったと思われる。

彼と二人で一時間半くらいの時間が持てた時、いろいろと苦しみを語ってくれた。一つは私の責任も大きかったが、現地における任務遂行と中央との連絡調整の狭間に置かれた苦労であった。もう一つは任務終了時期という出口が見えないことであった。いつまでやるのか分からないのは非常に苦しいことであり、出口の見えないトンネルの中というのが彼の思いであったし、隊員一人ひとりもそのような感じであったと思われる。さらにもし犠牲者が出た場合に、その犠牲をどのようにして乗り越え、任務を続行するかということがあった。

　これは、落合指揮官だけでなく、隊司令あるいは艇長に至るまで心の中で真剣に考えていることを、ひしひしと感じることができた。そのような苦しみの中で、各指揮官は任務に対して正面から取り組む姿勢を見せてくれたと考えている。

　私がペルシャ湾を離れる朝、掃海海面へ向かう掃海艇が、一隻ずつラッパで敬礼を行ないながら朝霧の中に消えて行った情景は、生涯心に刻まれ続けるであろう。そのとき、彼らとともに同じ海上自衛隊に勤務していることを心から誇りに感じた。

　落合部隊のパイオニアとしての任務完遂へ向けた使命感と業績、それを支えた多くの人々の努力が、自衛隊の国際協力活動の夜明けをもたらしたと言って差し支えないだろう。

平成一七年一月二五日

（元海上幕僚長、統合幕僚会議議長、海将）佐久間　一

ペルシャ湾の軍艦旗――目次

第三章——始まった機雷との戦い

第四章——誇り高き人々

ペルシャ湾掃海派遣部隊旗艦となった掃海母艦「はやせ」。派遣部隊指揮官・落合畯一佐が座乗

1991年4月26日、横須賀を出港する掃海艇「あわしま」

1991年5月7日、縦曳き洋上補給のため測距儀で距離をはかる。右は掃海艇「さくしま」

掃海艇「ひこしま」は1991年6月19日、初の機雷処分に成功した

掃海艇「ゆりしま」も「ひこしま」の機雷探知ノウハウで初処理に成功

補給艦「ときわ」——出港までに燃料満載、生鮮食品1ヵ月分、米や冷凍食品など150品目は数ヵ月から半年分、故障に備えた部品の予備が約3000品目、診療所の医薬品などを搭載した

海上自衛隊創設以来初めて、海外派遣されたペルシャ湾掃海派遣部隊の艦艇群——左から掃海母艦「はやせ」、掃海艇「あわしま」「さくしま」、補給艦「ときわ」、掃海艇「ひこしま」「ゆりしま」

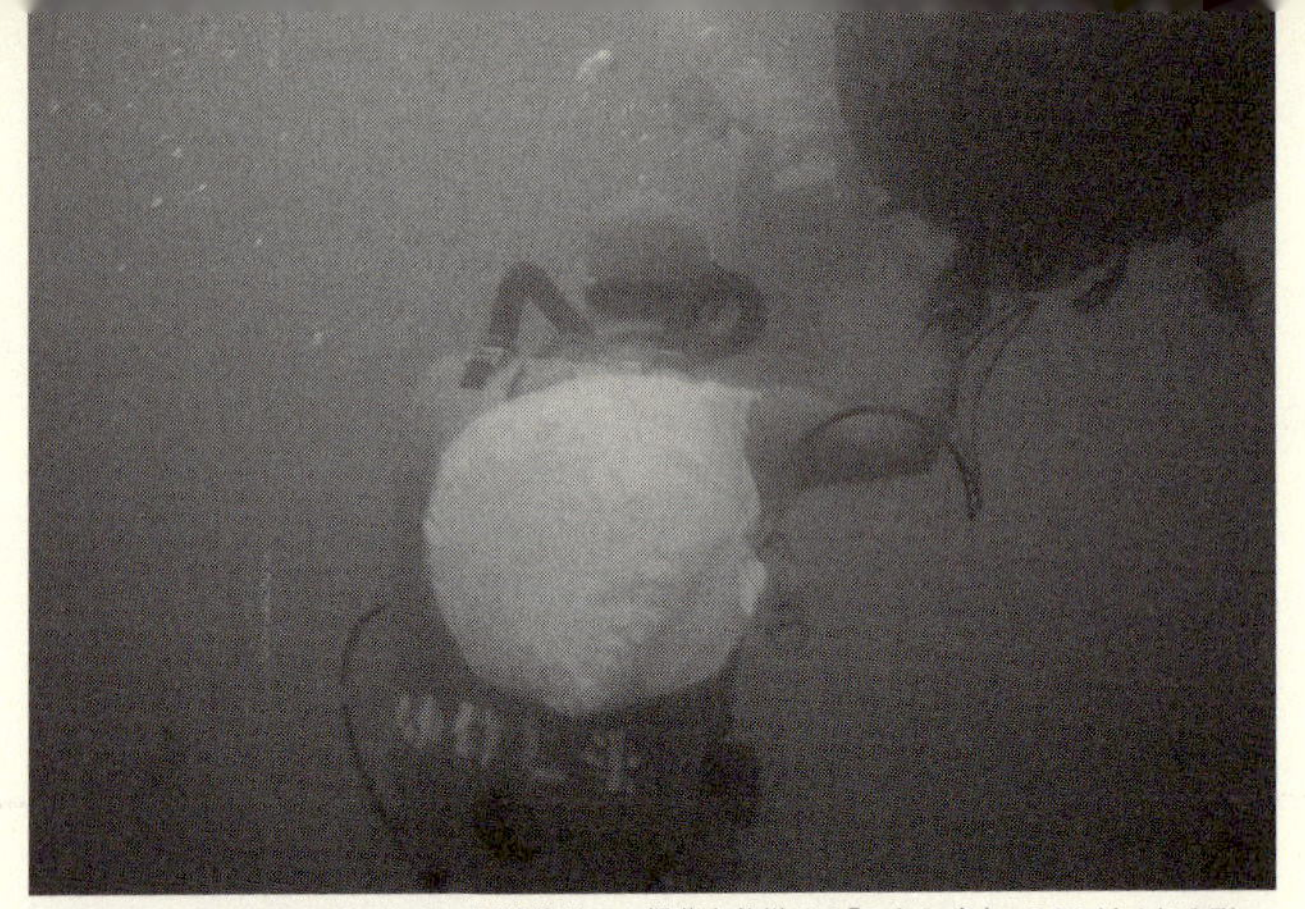

ペルシャ湾の視界が悪い海中の係維機雷に、爆薬を仕掛ける「ゆりしま」のEOD（水中処分員）

1991年8月14日、「さくしま」（左）による機雷爆破処分の瞬間。また一歩、安全に近づいた

ペルシャ湾の軍艦旗

海上自衛隊掃海部隊の記録

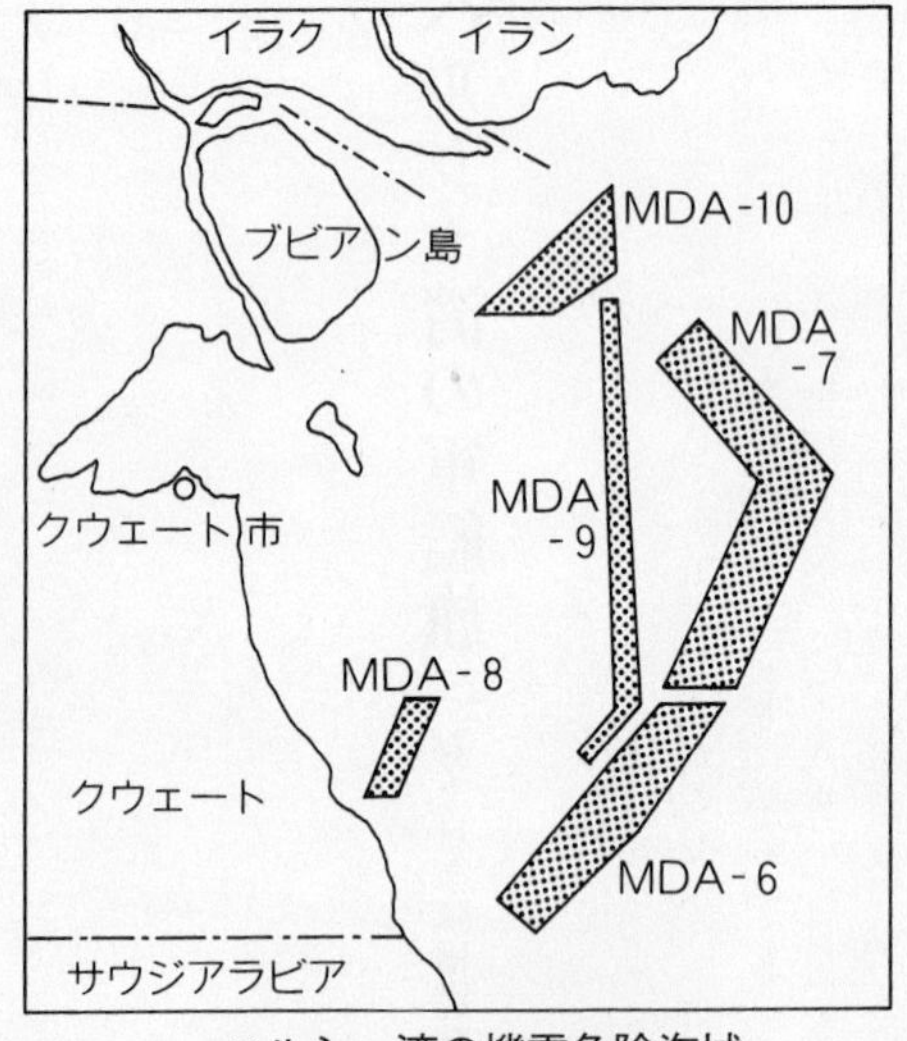

ペルシャ湾の機雷危険海域

プロローグ――戦後日本復興の道を開いた掃海隊

昭和二〇年一〇月七日午後、関西九州航路の再開第一船として大阪港を出た関西汽船の「室戸丸」（一二五七トン）が、出港三〇分後に戦時中、敵機によって敷設された機雷に触れて爆発沈没し、乗員乗客合わせて四七八名中、死者、行方不明者合わせて二三六名を出すという大惨事が発生した。

触雷したとき、たまたま救命ブイの装着訓練が行なわれていたため、乗客の大部分が甲板上に出ていたが、もしそうでなかったら死傷者の数はもっと大きくなったに違いない。

三年九ヵ月に及んだ超大国アメリカとの死闘、終局の段階ではナンバーツーのソビエト連邦までを敵に回した太平洋戦争は、昭和二〇年八月一五日をもって終わったが、それから二ヵ月も経たないうちの触雷による海難事故の発生であった。

あの太平洋戦争で日本を実質的に敗戦に追い込んだのは、アメリカが開発した超大型爆撃機ボーイングＢ29「スーパーフォートレス」による大規模な都市爆撃であり、その止めが広島、長崎に落とされた原爆だといわれるが、沖縄作戦に先立って開始された〝対日飢餓作戦〟（オペレーション・スタベーション）でのＢ29の活躍もまた、見逃すことのできない大きな成果であった。

これは日本の主要航路や港湾に機雷を敷設して、外地からの食糧をはじめとする重要な物資の輸送を妨害し、日本の継戦能力を破壊して戦意を喪失させようというもので、対日飢餓作戦でのＢ29の出撃は昭和二〇年三月二七日に開始され、関門海峡の両側入口の封鎖を目標に、九二機のＢ29が一〇〇〇ポンド及び二〇〇〇ポンド音響機雷と磁気機雷合わせて六三三個を落下傘により投下した。

この後も続々と出撃を重ねて各港湾や航路に機雷をばら撒いた結果、同年五月の一ヵ月だけで八五隻、二一万三〇〇〇トンの日本船舶が機雷によって沈没または大破したとされている。

こうして終戦によって飢餓作戦が中止されるまでの四ヵ月半に、のべ一五〇〇機のＢ29から投下された機雷は約一万三〇〇〇個に達し、海軍の艦艇七二隻を含む六六二隻が触雷して沈没または大破し、外洋での潜水艦による商船攻撃とあいまって、日本の生命線である食糧や戦略物資の輸送を一大危機に陥れる有力な一因となった。だから、もし終戦がもう少し遅れたら、当時の総人口の約一割に相当する七〇〇万人くらいの餓死者を出し、原爆とはまた違った悲惨な状況が出現しただろうといわれる。

戦後日本の占領統治にあたった連合国軍総司令部が、戦後復興の最優先課題としていち早く機雷排除作業に乗り出したのは当然で、終戦直後、一時中断されていた掃海作業は終戦から約一ヵ月経った二〇年九月一八日、海軍省軍務局に設置された掃海部によって、連合軍接収後に武装解除された艦船及び徴用漁船など約三五〇隻、旧海軍軍人を主力とした約一万名によって再開された。

その後、海軍省は第二復員局となり、掃海隊は運輸省海運総局の所管となって引き続き機雷及び爆発物による脅威の除去に努めた結果、昭和二三年五月に大阪及び神戸に至る航路に最初の安全宣言が出され、昭和二七年には一月から五月の間に八回も安全宣言が出されるなど掃海が一挙に進み、関門海峡、瀬戸内海をはじめ全国一八〇ヵ所の港湾及び航路が一般船舶に開放されるに至った。

第二復員局（海軍省）、運輸省、海上保安庁、そして海上警備隊、海上自衛隊へと再三にわたって所属、名称を変えながら一貫して機雷との戦いを続けた日本の掃海隊は、掃海の第一段階というべき戦後の七年間に日本復興に大きな役割を果たしたが、この間に触雷した掃海船舶一五隻、死者七七名、負傷者約二〇〇名の大きな犠牲を出した。

これらの犠牲のほとんどが平和を取り戻した日本国内での掃海作業中の触雷によるものだが、ただ一つの例外は朝鮮戦争に参加した特別掃海隊のそれだ。

戦争を放棄した日本のいわゆる平和憲法が制定されて間もない昭和二五年六月二五日、北朝鮮軍が国境を破って韓国領内に進撃した、いわゆる朝鮮戦争が勃発した。太平洋戦争緒戦の日本軍のように圧倒的な兵力で先制攻撃をかけた北朝鮮軍は快進撃を続け、韓国軍と国連軍は一時釜山周辺まで追い詰められた。

これに対して連合軍は、北朝鮮西岸の仁川に奇襲上陸をかけて成功、補給線を短縮するため北朝鮮の東岸にある元山港の占領を計画したが、問題は国連軍の上陸を予想して北朝鮮軍が敷設した三〇〇〇個に及ぶと予想されるソビエト製係維機雷と磁気機雷群の存在だった。

しかし、世界最強を誇った米海軍を主力とする国連軍海上部隊といえども、対機雷戦に関しては兵力、経験ともに十分とはいえず、このままでは一〇月二〇日実施予定の国連軍元山上陸前の機雷掃海が危ぶまれる状況となった。

そこで戦時中はもとより、戦後もずっと掃海作業を続けて技術も経験も豊富な日本掃海隊の存在がクローズアップされ、米極東海軍司令部から大久保武雄海上保安庁長官に対し、日本掃海部隊の出動要請が為されたが、問題が問題だけに大久保長官は吉田茂首相にじかに相談した。

すでに戦争放棄を明記した平和憲法が制定され、まだ占領下ではあったとはいえ戦場に日本の掃海部隊を送ることは憲法違反になる。大久保の話を聞いた吉田首相は、一瞬困った表情を示したが、すぐ派遣を決断した。そして「国会で海外派兵につながるとして問題にならないよう、秘密裏にことを進める」よう指示した。状況によっては、日本にも戦火が及ぶことが懸念されたからだ。

この結果、米極東海軍司令官から山崎運輸大臣あてに正式な指令が発せられ、朝鮮海域の機雷掃海に従事するため大阪以西の航路啓開隊から、指揮船「ゆうちどり」をはじめ掃海艇一三隻、乗組員三二三名が山口県下関港に集結した。その乗組員の中の一人に、海軍兵学校七七期生徒だった朝倉豊（元海将補）がいた。

敗戦によって海軍軍人への夢破れた朝倉は旧制富山高校に入ったが、戦後の混乱期とあって卒業しても就職先もなく、海軍軍人だった父の教え子の伝手で何とか海上保安庁に入った。昭和二四年七月に甲板員として掃海艇に乗り組んだ朝倉は、それ以後ずっと掃海作業に従事することになったが、これがきわめて苛酷な作業だった。朝倉が乗った掃海艇は、戦時中に急造された旧日本海軍の駆潜特務艇と呼ばれる全長わずか二七メートル、一三五トンの木造船で、小さな船だから海が時化た時などはひどい目にあったが、どんな悪天候でも作業を休むことはなく、夜明けの早朝から日が暮れるまで毎日続けられた。

わずかに開かれた狭い水路の外側には、触雷して沈没した船のマストが林立する関門海峡を通って集結した下関港で、掃海艇乗組員たちはそれが朝鮮海域への出動であることをそれとなく知ったが、占領軍の主力である米軍の命令であることと、連合軍の上陸作戦に寄与することによる旧日本海軍復活の思惑なども絡んで、船を降りた者はほとんどいなかった。それにもし出動を拒否して失職でもすることになったら、生活してゆけなくなる恐れがある世の中でもあった。

直接戦闘に参加しないとはいえ、憲法に抵触しかねない内密の出動であるため、各艇は船名や記号を消し、もちろん日の丸も軍艦旗の掲揚も許されない日本特別掃海隊は、第一掃海隊五隻と第二掃海隊八隻が一〇月七日夕方からから八日未明にかけてひっそりと下関を出港したが、悲劇はそれから一〇日後の一七日午後、第二掃海隊の上に起きた。

この日早朝から四隻の掃海艇によって作業は開始された。陸上からは北朝鮮軍の砲撃があり、五日前には米海軍の掃海艇二隻が触雷して沈没するなど、まさにそこは戦場であった。掃海作業は二隻ずつペアになってワイヤーで掃海具（パラベーン）を曳く四隻の掃海艇によって行なわれ、先行するペアの後ろには少し離れてMS14号とMS06号のペアが続いた。

「二隻にワイヤーを渡して掃海開始の海面に到達するかしないかというころだった。甲板の下にいた私は突然、腹をえぐるような『ドカーン』という音を聞いて、やられた！ と思った。急いで上に上がってみると、僚艇のMS14号のいたあたりに大きな黒煙と水煙が上がっており、それが薄れたら何もなかった。みんな死んだかと思ったら、海面から救助を求めるオーイという声が聞こえ、生存者があることを知った」

MS06号に乗っていた朝倉豊の回想であるが、海中に放り出されたMS14号の乗組員二七名中二六名はすぐに繰り出された米海軍の内火艇によって救助されたが、炊事担当の司厨員中谷板太郎だけはついに発見されず、死亡と断定された。

「触雷したとき、ちょうどフネの後ろの水の深いところにある食糧貯蔵庫に米を取りに行っていたのでは？」

と朝倉は想像するが、このほか一八人の重軽傷者を出したことから、犠牲を避ける新しい掃海方法を日本側から提案した。しかし、それには時間がかかって上陸作戦が遅れるとして米海軍側は認めず、憤慨した第二掃海隊の掃海艇三隻が帰国するという事態が発生したが、残った五隻と後続してやってきた八隻の日本掃海艇が米海軍と協力して掃海を実施し、一週間遅れたけれども上陸作戦を成功させた。

こうして一二月中旬までに延べ一二〇〇名の旧海軍軍人と掃海艇二〇隻を含む二五隻の日本特別掃海隊により、北朝鮮の元山、群山、仁川及びその北の鎮南甫、海州などの掃海を行ない、連合軍の勝利に大きな貢献をしたが、戦闘が終局に近くなった昭和二五年一二月一五日、朝鮮派遣日本特別掃海隊の編成が解かれた。

解散の日に先立つ一二月七日、米極東海軍司令官ジョイ中将は、特別掃海隊の功績をたたえて大久保海上保安庁長官あてに、米海軍で最高の「ウェル・ダン」賞詞を贈った。このことがあって翌二六年九月八日、サンフランシスコで対日講和条約が調印されたが、大久保はそれから二七年後の昭和五三年に出版した自著「海鳴りの日々」(海洋問題研究会刊)の中で、幾つかの掃海隊の功績のうち「口先だけではなく、行為で示すことによって国連の信頼を高め、講和条約を有利に進めようとした日本政府の意図を成功に導いた」ことを第一にあげている。

日本周辺の残存機雷に対する掃海作業は、講和条約発効後も業務掃海として海上自衛隊に引き継がれて休みなく続けられ、約七〇〇〇個を処分して昭和六〇年に一応終えたが、戦後の掃海は日本の復興と経済発展に大きく寄与しただけでなく、朝鮮戦争での活躍がわが国の独立に及ぼした貢献をも忘れてはならない。

そして朝鮮戦争での海上保安庁特別掃海隊の北朝鮮海域出動から約四一年経った平成三年、戦後のペルシャ湾における機雷の除去というまたとない国際貢献の機会が海上自衛隊掃海部隊の上に訪れたのである。

第一章――派遣前夜

一、湾岸戦争勃発、戸惑う日本

一九九〇年（平成二年）の前半、イラクを中心としたペルシャ湾一帯に、ひそかにきな臭いにおいが立ちのぼっていた。石油価格の高騰を目論んだイラクがクウェートとアラブ首長国連邦に対し石油の減産を要求したばかりか、クウェートがイラクとの国境にまたがる油田の石油を盗掘していると激しく批難するとともに、強力な部隊をクウェート国境一帯に展開しはじめたからだ。

この危機を打開するためクウェートは、サウジアラビアのファハド国王とエジプトのムバラク大統領の仲介による外交交渉を試みたが、いっこうに進展しないばかりか、八月一日になって突然、交渉の打ち切りを通告、さらに翌二日にはファハド国王とムバラク大統領との「侵攻しない」という約束を破ってクウェートに進撃を開始した。そして短期間にクウェート全土を制圧し、八月八日にはサダム・フセイン大統領は、乱暴にも「クウェートをイラクの一州にする」と宣言するとともに、クウェートとサウジアラビア国境に向けてさらに軍を進めた。

大変なことになった。イラクはクウェートの併合によって世界の石油の二〇パーセントを持つ石油大国となり、さらにサウジアラビアを占領してしまえばこれが半分近くに増大し、強大な軍事力とあいまって、世界はフセインの野望に左右されてしまう恐れが生じたからだ。

この不法なイラクの侵略軍事行動に対し、国連の対応は早く、国連安全保障理事会はつぎつぎにイラクに決議案を突きつけて非道な行為を止めるよう申し入れる一方では、米国、サウジアラビア及びその他の友好国合わせて四二ヵ国、約六〇万の兵力を展開させた。

この間にも平和的解決への呼びかけが続けられたが、イラクがいっこうに応ずる気配がないため、年明けの一九九一年（平成三年）一月一七日早朝、イラクに対する多国籍軍による武力行使、「砂漠の嵐作戦」の幕が切って落とされた。

この作戦は大きく分けて四つの段階に分かれ、最初の三段階の大規模な航空作戦によってイラク軍の戦力を徹底的に奪ったのち、最後の第四段階で地上軍を戦闘に投入し、一挙にイラクを屈服させようというもので、二月二四日午前一〇時、満を持した多国籍軍六〇万が進撃を開始した。そして四日後の二月二八日午後二時に戦闘を停止した。わずか一〇〇時間の地上戦であった。

この結果、イラクはクウェートからのイラク軍の撤退をはじめとする国連安全保障理事会の諸決議を受け入れ、四月一一日の正式停戦となったが、最終的には四二ヵ国にも達した多国籍軍の活動に対して、日本はほとんど貢献しなかったといっていい。

イラクがクウェートに侵攻を開始した平成二年八月二日の時点で、日本政府は単に「クウェート侵攻は遺憾である」との談話を発表しただけで、米英をはじめ欧州のNATO諸国がつぎつぎに国連安保理の決議に基づく措置を実施に移す中、八月末になってようやく多国籍軍への財政支援や四輪駆動車などの提供、ボランティア医療チームの派遣を表明するなど、その動きは緩慢そのものだった。

もとより、この程度のことで国際社会が満足するはずがなく、特に日本の盟友である米国はNATO諸国と日本の対応ぶりの隔たりにあらわな苛立ち（いらだ）を示し、いっそうの具体的貢献を、あらゆるチャンネルを通じて迫ってきた。

そしてアメリカ国内では、下院本会議での在日米軍駐留経費の全額負担要求や在日米軍の兵力削減の提案など、日米の同盟関係に危機をもたらしかねない状況すら芽生え始めたが、それでもなお日本政府の対応は鈍いもので、相変わらず多国籍軍への財政支援金額の上積みやチャーター船舶による物資の輸送支援などの提案に止まり、国際社会が認めるような目に見える実質的な貢献に踏み出そうとはしなかった。

そんな中でも「わが国の国際的地位にふさわしい具体的な人的貢献策」の模索が行なわれ、秋の臨時国会で難民輸送のための航空自衛隊の輸送機を派遣することを骨子とする「国連平和協力法案」が審議されたが、本核的な審議がされないまま時間切れで廃案となってしまった。

唯一の人的貢献策すら出来なければ、日本の国際的地位はいよいよ失墜するとあって、政府は国連平和協力法案を内閣の権限内で実施できる特例政令に切り替え、難民輸送のための自衛隊輸送機の派遣決定にこぎつけた。この決定に基づいて航空自衛隊では、C130輸送機五機と隊員二五〇名を揃えて待機させたが、当事国であるヨルダンの国内事情などから派遣は中止となってしまった。

そんな状況の中で平成三年二月二八日の停戦を迎えたが、それから間もない三月七日、ドイツ政府がペルシャ湾掃海のため掃海艇五隻と補給艦二隻の派遣を決定したというショッキングなニュースが日本の各新聞朝刊に載った。

ドイツはこの戦争を通じ、NATO域外への軍の派遣を禁じた基本法（憲法）のもとで、日本と同様に人的貢献策をめぐって苦悩していたが、戦闘終結に伴ってペルシャ湾は戦闘海域ではなくなったとして米国の要請を受け入れ、派遣を決定したのだった。

ドイツのこの決定は、日本に大きな衝撃を与えた。

日本は憲法で自衛隊の海外派兵が禁じられているのを理由に、湾岸での戦闘には参加しなかった代わりに四〇億ドル（後からの追加九〇億ドルを合わせると一三〇億ドル）の戦費を拠出していたが、金は出すが人は出さないという日本の態度に、世界の目は冷たかった。日本と同じく戦費だけを負担したドイツに対しても同様だったが、ドイツが掃海艇派遣を決めたとなると、取り残された日本への非難はさらに高まる。

日本はペルシャ湾岸諸国に原油の七〇パーセントを依存しており、チャーター船も含めると日に約二〇隻もの日本関連タンカーがつねに航行しているペルシャ湾は、日本にとって重要な生命線だ。

かつてイラン・イラク戦争のとき、ペルシャ湾内を航行するタンカーを無差別に攻撃するという声明を出したイランに対し、これを抑えたのはアメリカの空母機動部隊であり、その恩恵をこうむったタンカーの多くが日の丸の旗を掲げた船だったという事実もある。そんなペルシャ湾で各国海軍が協力して危険な機雷の除去作業に取り組んでいるとき、最大の受益国である日本が何もしないでいるとあっては、卑怯（ひきょう）で無責任きわまるといわれても仕方がない。

実は経験豊富で高い技術力を持つ日本掃海艇派遣の要請は、湾岸戦争勃発直後からあった。米国のブッシュ大統領（現大統領の父君）みずから海部俊樹首相に電話で日本の掃海艇や給油艦の派遣を要請したほか、ピカリング国連大使も財政支援などより軍事面での貢献が望ましいことを再三にわたって表明した。

そして停戦となった平成三年三月に入って、またしても掃海艇派遣の話が浮上してきたのである。今度は戦後であり、日本が掃海艇をペルシャ湾に派遣できないもっとも大きな理由が失われただけでなく、開戦当時と比べて日本の国内世論も急速に変わりつつあり、終戦からほぼ一ヵ月経った四月に入って、経済団体連合会や石油連盟、船員組合などの「航路の安全確保」の要望となってあらわれた。

しかし、この時点でもなお首相官邸筋の最高首脳がわが国の掃海艇派遣の可能性を強く否定し、政府も戦後復興のための自衛隊を含めない国際緊急援助隊（ＰＫＯ）の組織作り、九〇億ドルの戦費追加拠出問題を論議するなど、多分に国会や統一地方選挙を意識した姿勢を見せ、掃海艇派遣問題は一時棚上げ状態にあるかに見えた。

それが決定的に変わったのは、四月七日の統一地方選挙前半戦でこの問題にもっとも否定的だった社会党が惨敗したことと、四月一一日の湾岸戦争の正式停戦発効により、掃海艇派遣の最大の足かせになっていた戦争状態が終わったからだった。

こうなっては、ハト派のイメージを大切にし、一〇日の時点でなお「秋まで派遣を待てないか」などと言って掃海艇派遣問題を極力、先延ばししようとしていた海部首相もついに重い腰をあげ、四月一一日、掃海任務を定めた自衛隊法九九条を根拠とし、ペルシャ湾に海上自衛隊の掃海艇を派遣する方針を固めた。そして翌一二日、池田防衛庁長官に対し、「統一地方選挙（後半戦）後に海上自衛隊に出動準備指令を出すよう」指示した。

これを受け、政府は四月中に掃海部隊をペルシャ湾に向け出港させる方針で作業に入るとともに、池田防衛庁長官は佐久間一（さくままこと）海上幕僚長に対して「ペルシャ湾における機雷などの除去の準備に関する長官指示」を発し、派遣決定の際にはすぐに応じられる態勢とした。

湾岸戦争が始まってから八ヵ月余り、ようやく日本は国際社会の一員としてのまっとうな道の入り口に到達したのである。

だがしかし、そうはいっても、数隻の掃海部隊が半年以上にわたって遠い未知のペルシャ湾で作業しようというのだから、その準備たるや容易ではない。しかもペルシャ湾まで一ヵ月近い航海期間中に、名だたるインド洋のモンスーンとの遭遇を避ける必要があるところから、四月中には何としても出発しなければならない。すると準備に要する期間はざっと一〇日ほどしかない。

口の悪いマスコミの中には、「日本掃海部隊が現地に着いたころには機雷掃討作業は終わってしまい、今ごろ何しにきたと冷笑されるのではないか」などと、派遣の効果を疑問視する声もあり、今度は派遣の遅れが心配されたが、任務の実際の遂行当事者となる海上自衛隊側の早い時期からの対応がこの危機を救った。

平成二年八月二日のイラク軍のクウェート侵攻直後から、海上自衛隊では海上幕僚監部(海幕)防衛課を中心とした委員会を発足させ、海上自衛隊としてやれる対応策について自主的研究を始めていた。

そして一〇月に入ると、この委員会を発展、拡大させる形で林崎千明防衛部長以下二〇名ほどの研究チーム、中東の英語名ミドル・イーストの頭文字を取った「MEプロジェクト」を発足させ、湾岸地域からの邦人輸送などを含む一段と突っ込んだ貢献策の検討を進めていたが、戦争終結が近くなった平成三年二月の中旬頃になると、もはや日本がやれる国際貢献は戦後処理としての掃海作業しかないと判断し、三月一日に戦闘が停止されてからは、研究の重点を掃海部隊の派遣一本に絞って進めた。

ペルシャ湾にはイラク軍が敷設した一二〇〇個以上と見込まれる機雷が残っており、戦争中から掃海作業を続けていた米、英、サウジアラビア、ベルギーに続いて新たにドイツ、フランス、イタリア、オランダなどNATOに属する四ヵ国の海軍が掃海艇の派遣を決めていた。

豊富な経験と優秀な技術を持つ日本掃海部隊がひとり取り残される恐れがあり、MEプロジェクトでは自衛艦隊、第1掃海隊群、さらには横須賀をはじめ関係する地方総監部を巻き込んでの具体的な計画の策定を急いだ。

この作業の内容は、いつの時点で出動命令が出てもすぐに対応できるよう、常に向こう六ヵ月間の計画を作っておくという困難で、しかも複雑きわまりない作業だったが、MEプロジェクトのメンバーたちはそれを見事にやってのけた。

まず派遣される掃海部隊の規模だが、掃海母艦または敷設艦一隻、補給艦一隻、掃海艇四隻の合計六隻、人員は約五〇〇名を想定して選定作業に入った。

掃海艇については、掃海作業実施上の戦術単位である三隻による掃海作業を、数ヵ月にわたって続けられるよう予備艦を一隻用意する四隻編成とし、第1掃海隊群から「ひこしま」（四四〇トン）、「ゆりしま」（同）、第2掃海隊群から「あわしま」（四九〇トン）、「さくしま」（同）が、掃海母艦には「はやせ」（二〇〇〇トン）、補給艦には「ときわ」（八一五〇トン）がそれぞれ選ばれた。

二、人選を急げ

艦艇の選定以上に難しかったのは、派遣部隊要員の編成であった。まず派遣部隊を束ねる派遣部隊司令には、第1掃海隊群司令に着任したばかりの落合畯一佐が内定した。

落合の父はかの太平戦争末期の昭和二〇年六月一三日、沖縄県民の戦いぶりをたたえ、「沖縄県民かく戦へり。県民に対し後世特別のご高配を賜らん事を」の打電を最後に自決した沖縄方面根拠地隊司令官大田実海軍中将で、彼はその三男であった。

昭和三八年三月、防衛大学校（第七期）を卒業して海上自衛隊に入隊、以後、掃海艇五号艇長、掃海艇「いぶき」艇長を皮切りに掃海部隊を中心に勤務した。この間に沖縄地方連絡部、海幕募集班長など隊員募集業務もつとめ、平成三年三月二〇日、長崎地方連絡部長から第1掃海隊群司令に着任したばかりだった。

「まさか自分がペルシャ湾に行くことになるとは夢にも考えていなかった。三月二〇日付で第1掃海隊群司令を命じられ、しばらくして『上京せよ』と言われて初めてこれはただ事ではないと感じた。東京では『スタディーをせよ』（注、掃海艇のペルシャ湾派遣決定に備えての意味）と言われ、その後は首席幕僚の宮下英久一佐（後出）と二人で毎日毎日、夜遅くまで検討を続けた」（落合）

最高指揮官である落合一佐の決定に次いで、部隊主要幹部の人選も急ピッチで進められた。四隻の掃海艇は、第1掃海隊群第14掃海隊の「ひこしま」と第19掃海隊「ゆりしま」、第2掃海隊群第20掃海隊の「あわしま」「さくしま」で、全体の指揮は第14掃海隊司令森田良行二佐、森田に万一のことがあった場合には第20掃海隊司令が代わって指揮をとる体制がとられたが、この二人の発令はおよそ対照的だった。

佐世保、呉をそれぞれ母港とする二隻を直率する森田司令の場合、それまでうわさでささやかれていたペルシャ湾行きがどうも現実となるらしいと思いはじめたのは、前年度末の大きな訓練が終わり、新年度の準備を始めた四月の上旬ごろだったという。しかし、掃海艇派遣の話は森田にとって初めてではなく、湾岸戦争の前の長いイラン・イラク戦争のときにも持ち上がり、当時横須賀の第2掃海隊群の掃海幕僚だった森田は、命じられて掃海部隊をペルシャ湾に派遣する場合の部隊編成プランを作ったことがあった。

「もし行くならこんな編成がいいと思って作ったのは掃海艇六隻を柱とするプランだったが、今回はそれが四隻に減り、ほとんど非武装に近い掃海艇を守ってくれる護衛艦二隻が、戦闘艦艇の派遣は不可という当時の国内世論もあって削られ、頼みは掃海母艦『はやせ』の三インチ砲のみといったところが大きな違いだった」（森田）

森田が自分の指揮下にあった佐世保の第14掃海隊の各艇長を呼んで、「今度は行くかもしれないから、一応覚悟をしておくように」と伝えたのは四月一〇日ごろで、佐世保の第14掃海隊「ひこしま」、呉の第19掃海隊「ゆりしま」の二隻の派遣を知らされたのはそれから間もなくだった。当然ながら、森田がその司令を命じられた。

横須賀を母港とする第17掃海隊司令木津宗一二佐が江田島の第一術科学校機雷掃海科教官

に発令されたのは、海上自衛隊はもとより政府でも掃海部隊派遣の方向に次第に意見が固まりつつあった三月下旬のことだった。だから木津は、17掃海隊司令を離任する際、「君たちの中にはもし派遣が決まったら行くようになる者もいるだろう。私もぜひ行きたいが、これから江田島に教官として行かなければならないので残念」と挨拶した。

家族を横浜に残し、江田島には単身赴任。官舎に入って役場の転入手続きからガス、水道、電話まで生活基盤をすっかり整え、いよいよ腰をすえて教官生活に入ろうかという矢先の四月一〇日ごろ、またしても転勤の話が来た。それが何とペルシャ湾に派遣が予定されている第20掃海隊司令で、たまたま前任者が血圧が高く健康上の不安があるところから急遽、木津に決まったのであった。

発令の日付は四月一五日。ことは急を要するとあって、今度は先の転入時とまったく逆のことをやったが、江田島の町役場の住民課の窓口で転出届を出したところ、担当の職員も木津という名前を覚えていて、「あれ、この前来られたばかりじゃないですか。私もこの仕事を長くやってますが、こんな短いのは初めてですよ」と同情される始末。だが、もっとびっくりしたのは家族だった。

「妻は最初、ペルシャ湾の機雷排除に行くといってもピンと来なかったようだ。ペルシャ湾ってどこなのといった感じだったが、横須賀のヤンキー岸壁で八〇〇〇トンの補給艦『ときわ』の傍ら(かたわ)に停泊している掃海艇の『あわしま』『さくしま』を見て、『こんなに小さなフネで大丈夫なの?』と心配になったようだ。私としてもこの小さい船で一ヵ月かけてペルシャ湾に行くことと、そしてまた一ヵ月かけて帰ってくることは、向こうで機雷を除去するのと同じくらい大変な仕事だと思った」（木津）

急な異動の発令と言えば、空を飛ぶ飛行機のパイロットでありながら、海中の作業をする掃海部隊の広報幕僚となった土肥修三佐の場合も、思いがけない突然の発令であった。

平成元年三月末、海上自衛隊幹部学校の指揮幕僚課程を終えた土肥は、海幕総務課広報室に報道担当として着任した。折りしも潜水艦「なだしお」に関わる事故の海難審判の一審が終わろうという時期で、自衛隊に対する風当たりの強かった当時とあって報道担当者たちは毎日、地獄のような思いを味わっていた。

それからざっと二年後、土肥の報道担当としての勤務も終わりに近くなったころ、掃海部隊のペルシャ湾派遣が現実になりつつあったので、広報という業務の大切さを身をもって体験していた土肥は、派遣部隊には専任の広報担当を加えるべきであると熱心に主張した。

平成三年三月末、海幕広報室報道担当勤務を終えた土肥は、厚木の第51航空隊に転勤となり、パイロットとしての再練成訓練を終え、着任の歓迎会が開かれたその席上で、第1掃海隊群（司令落合一佐）司令部への発令電報が出たことを知らされた。これによって歓迎の宴会の後半は送別会に変わったが、最初の転勤からわずか二〇日という慌（あわ）ただしい再転勤であった。

ペルシャ湾掃海派遣部隊での土肥の配置は広報幕僚で、このほかに部隊で発行された隊内紙「たおさタイムズ」編集長として隊員たちに親しまれた。

派遣決定の遅れは、派遣予定の隊員たちを悩ませた。新聞をはじめマスメディアの報道から家族もそれとなく感じていたらしいが、正式の命令が出ない以上それを話すことができない。落合司令の第1掃海隊群首席幕僚に発令された宮下英久一佐にも、そのジレンマがあった。

宮下が落合司令のいる呉に赴任する際、二四歳になる息子から「お父さん、どこに行くの」と聞かれた。それまで父の勤務にはまったく無関心だった息子の初めてのこの質問はうれしかった。

呉に行ってみると、部隊はすでに派遣を前提とした準備作業に入っており、四月も半ばを過ぎたころ、いよいよ派遣が本決まりになったので宮下は妻を呉に呼び寄せ、ペルシャ湾行きを打ち明けた。そのあと、妻を呉にむかしからある海軍料亭に連れて行った。名物海軍ばあさんを交えて妻と盃を交わしながら、フト〝水盃〟の文字が宮下の脳裏をよぎった。

落合一佐のいる派遣部隊司令部には、第1掃海隊群司令部を基幹として、増員された優秀な幕僚たちが続々集まってきた。すなわち、警務、広報、情報、語学、掃海（二名）、整備（四名）の各幕僚及び医務官（四名）などだが、長期間遠隔の地で行動するための整備幕僚や艦内診療所開設のための医務官の増員は別として、掃海幕僚二名の増員にはちょっとしたわけがあった。

数個の掃海隊で編成されている掃海隊群には平時編成で掃海幕僚は訓練幕僚を含めて二名、したがって正規の掃海幕僚は一名だったが、派遣に際して訓練幕僚の呼称はやめにして格上げ（?）したので掃海幕僚は一名増員となった。

当時、海上自衛隊では新鋭の一〇〇〇トン級掃海艇二隻を建造中だった。その一番艇、二番艇の儀装員長予定者に藤田民雄、石井健之両二佐が内定していたが、発令のないまま待機していたこの二人に、ペルシャ湾派遣部隊の準備作業を手伝うため臨時に第1掃海隊群司令部に勤務せよという命令が出されたのは、四月も上旬を過ぎたころだった。

このため二人は横須賀から旗艦「はやせ」のいる呉に行って準備作業に加わったが、ここで石井はそのまま派遣掃海部隊の二人目の掃海幕僚となり、藤田は準備作業が終わり次第、新造艦の儀装員長予定者に戻ることを知らされたが、納まらないのは入隊以来ほとんど掃海一本でやってきた藤田だった。

「ぜひ連れて行って欲しい……」

派遣部隊最高指揮官である落合一佐に直訴した藤田に、「お前も連れてゆくことにしたよ」との朗報がもたらされたのは、部隊が出発する一週間前であった。

「妻は私がペルシャ湾に行くことを内心では覚悟していたようだ。中学生の息子に『お父さんは仕事でペルシャ湾に行くことになったよ』といったら、『頑張って行ってらっしゃい』と言われ、とても安心した。この一言で、家族を残してゆくことへの懸念が吹っ切れた」

三人目の掃海幕僚となった藤田の述懐であるが、のちに幕僚の一人、四方義博三佐が米中東艦隊司令部に連絡士官として行くことになったので、結果的に掃海幕僚二名の増員は正解であったといえよう。

三、それぞれの告知

掃海作戦の要（かなめ）である各掃海艇の艇長たちがペルシャ湾行きを知ったのは、それぞれ違った場所であった。

第1掃海隊群第14掃海隊「ひこしま」艇長だった新野浩行三佐がそれを知らされたのは、平成三年四月八日、お釈迦様生誕の日だった。第1掃海隊群司令に着任したばかりの落合初度巡視で佐世保に来た際、いろいろな行事が終わったあと第14掃海隊司令の森田二佐と掃海艇「ひこしま」艇長の新野の二人が呼ばれ、「新聞などでいろいろ報道されているようだが、今度はペルシャ湾に行く確率が非常に高くなったから、行くという方向で準備をするように。ただし、まだ乗員には知らせてはならない」と告げられた。

第1掃海隊群には四個の掃海隊があり、このうち佐世保基地の第14掃海隊「ひこしま」と呉基地の第19掃海隊「ゆりしま」の二隻が選ばれたのだった。

新野がペルシャ湾行きを家族に告げたのは、出発がいよいよ決定的になった四月二〇日前後のことだった。

「私はもともと佐世保出身だが、広島県の呉にマンションを買って家族はそちらにいたから、単身赴任だったので派遣が正式に決まってから、準備のために妻に来てもらった。あと家族は大学一年の長男と高校三年の娘だが、広島にマンションを買うまではずっと自衛隊の任地を一緒に動いていたので、父親の勤務についてはよく知っていた。私が派遣について話をしたとき、長男は『やっと出番が来て良かったね』といってくれた。私自身、決して不安がなかったわけではないが、それを口にしなかったこともあって、悲しいとか行って欲しくないとか誰も言わなかったのが有難かった」(新野)

直接、派遣部隊司令からペルシャ湾行きを告げられた「ひこしま」の新野に比べると、同じ掃海隊群でありながら第19掃海隊から選ばれた「ゆりしま」の艇長梶岡義則三佐の場合は、少し違っていた。

梶岡の記憶によれば、それは四月一一日か一二日のことであった。第19掃海隊は三隻で、当時は大分県の佐伯を基地に豊後水道方面で訓練をやっていたが、この日も訓練を終えて帰ってきて佐伯の分遣隊桟橋に接近しつつあった夕方四時ごろだった。隊司令の高橋陽一二佐のところに電話がかかってきた。電話を終えた高橋司令は走ってきて、艦橋にいた梶岡に言った。

「おい、入港取りやめだ。これからすぐ呉に帰るぞ」

桟橋まであと三〇〇メートルほど手前で艇を回し、夜通し走って朝早く呉に着いた。

「それ以前からペルシャ湾派遣が話題になっていたので、みんな『これで行くのではないか』という気分になった。

私の娘が婦人自衛官で呉の補給所に勤務していたから、娘は補給所に来る人やものの動きで派遣に気付いていたと思うが、それを私には言わなかった」

　横須賀を母港とする第2掃海隊群の二隻、第20掃海隊「あわしま」「さくしま」のうち、「さくしま」艇長田村博義三佐が、「もしかするとペルシャ湾行きがあるかも」と最初に感じたのは平成三年三月初旬に長期海外派遣に備えての予備品リストの作成作業を命じられたときであった。その後も派遣を前提としてしか考えられない業務変更が相次いだが、そのもっとも大きなものは、毎年行なわれる北海道石狩湾での約一〇日間にわたる機雷戦訓練への参加が、北海道に向けて出港直前の四月四日に中止になったことだった。

　この時点では統一地方選挙の結果がらみで派遣はまだ微妙な段階にあったが、前半の投票日の四月七日に与党保守系の圧倒的優勢が決まり、派遣がいよいよ現実味を帯びてきたことを田村は悟った。

　その後、具体的な指示もなく、北海道での訓練中止もあって休養日課を実施していたところ、休養日前の四月一二日（金曜日）夜になって隊付から、四月一五日付で木津宗一二佐が第20掃海隊司令に発令されたという交替人事電報を受信した旨の電話があり、派遣がいよいよ間違いないものになったことを感じた。

　そして四月一五日、新旧司令の離着任行事終了後、司令艇「あわしま」の士官室に士官が集合し、木津新司令からペルシャ湾行きが伝えられた。防衛庁長官から海幕長に対し、正式な派遣に対する準備命令が伝えられたのは翌一六日で、この日を境に田村の身辺も一変した。

「派遣が決まってから出発までは公私共に多忙をきわめ、艇の出発準備に追われる慌ただしい毎日となった。私事になるが、〝もしかしたら二度と帰って来れなくなるかもしれない〟という密(ひそ)かな覚悟から、父母と兄弟及び義父母に対し、留守を預かる妻と子供たちをよろしく頼む旨電話したのを覚えている」

みずからＥＯＤ（ダイバー、水中処分員）の特技を持ち、実機雷処分訓練を通じて機雷の恐さを身をもって知っている田村の述懐だ。

派遣部隊に選ばれた四隻の掃海艇の艇長の中で一番若い第20掃海隊「あわしま」艇長桂真彦一尉の場合は、いささか様子が違った。

桂は昭和五七年三月、防衛大学校卒（第二六期）だから、昭和三八年卒（第七期）の落合の一九年も後輩にあたる。海上自衛隊に入隊して江田島の幹部候補生学校に入り、卒業後、護衛艦や掃海部隊勤務を三年ほど経験したあとふたたび江田島に戻り、ここで第一術科学校の中級掃海過程に進んだころに湾岸戦争が起き、停戦になったら日本も掃海艇を派遣すべきではないかという議論が始まった。

平成三年二月の初めごろには中級掃海課程の学生に対し、それぞれ艇長の内示が出たが、桂だけは単に横須賀方面というだけで、具体的な艇の指定がなかった。二月下旬になってようやく第20掃海隊「あわしま」艇長の内示をもらったが、その夜、海幕の人事課から電話があった。

「今、政府が掃海部隊のペルシャ湾派遣を検討している。もし派遣が決定した場合は、発令を取り消すかもしれない。その場合は掃海艇が帰ってきてから艇長にするから、それまでは待機ということになるだろう」

つまり、艇長未経験の桂を、いきなり〝実戦〟の場であるペルシャ湾に行く掃海艇の艇長にというのは、心もとないということらしかった。だからそれから間もなく「あわしま」艇長が発令されたとき、桂はてっきり掃海部隊のペルシャ湾派遣は見送られたのかと思ったが、掃海部隊の方では派遣を前提に準備を急いでいるところから、自分が間違いなく派遣部隊の掃海艇艇長の一人に選ばれたことを知った。

ちょうどこのころ、桂の妻は妊娠九ヵ月に入ろうかというときで、派遣部隊が出港して四日目の四月三〇日、うれしい男児出産の報せを桂はペルシャ湾に向かう艇上で知らされた。だから桂が愛児の顔を初めて見たのは、半年後の任務を終えて帰国したときだった。

掃海艇「あわしま」艇長に発令された桂真彦一尉より一期後の防衛大学校二七期卒の岡浩一尉が、ペルシャ湾派遣部隊の旗艦、掃海母艦「はやせ」砲術長の内示を受けたのは平成三年四月一六日だった。

一年前から江田島の幹部候補生学校の航海科教官をやっていた岡が、四月から入ってきた新しい候補生たちの指導に力を入れはじめた矢先のことで、その日、学校で当直士官の任務についていた岡は、教育隊長の浦本一佐からそのことを告げられた。そのころ、新聞報道の様子などから派遣がいよいよ本決まりになるのかなと漠然とは思っていたが、よもや自分がその一員に選ばれようとは思っていなかっただけに少し驚いた。

「とりあえず官舎に戻って妻にこのことを話し、翌日から転勤の準備をはじめた。沢山持っていた教務に穴をあけるわけに行かないので、他の教官に割り振ってもらうよう上司の課長にお願いして引き継ぎをする一方では、教官室の荷物の整理を一週間くらいのうちに済ませ、出港前の物品の積み込みに忙しい呉の『はやせ』に着任した」(岡)

森田良行司令の第14掃海隊の隊勤務萩原文蔵一尉が、ペルシャ湾行きを念頭に置くようになったのは前年夏のイラク軍のクウェート侵攻の直後のことだった。隊司令の森田から「もし行くような状況になったらどうする？」と聞かれ、「われわれは自衛官、むかしでいえば軍人ですから行けと命じられたら行きます」と答えたことがあり、派遣決定を聞かされたとき、昨年司令から聞かれたのは、この辺りを予想してのことかと思ったという。

だから派遣を言われたとき、任務だから当然として受け止めたが、派遣の準備をしているうちに過去の経験などからだんだん機雷の恐さが分かってきて、楽観的な気分は影をひそめた。現場では四二年前の朝鮮戦争の戦訓から、触雷に備えて艦橋の天井などに分厚いクッションを張る作業が突貫作業で進められていた。

「森田さん、これはひょっとしたら帰って来れないことがあるかもしれませんね」

「その可能性もあるかもなあ……」

そんな会話が交わされたのち、多忙な出港準備の合い間を縫って萩原は、墓参のため一日だけ休暇をとり、単身赴任先の佐世保から故郷の鹿児島に帰った。

「夕方、佐世保を出て、夜、家に着いた。おやじと妻には行くことを話し、一四歳の中学生を頭の、三人の男の子供たちには言わないように頼んだ」

と萩原は語るが、実はこのころ司令として森田は、解決すべき大きな問題を抱えていたのだった。それはあってはならないことではあるが、万一死傷者が出たとき、一体幾らのお金が遺族に支払われるかということだった。実際にペルシャ湾では、米海軍の強襲揚陸艦「トリポリ」、巡洋艦「プリンストン」の二隻が、触雷によって大きな被害を受けていたのだ。当時公務員が公務で死亡もしくは高度障害を負った場合に国から支払われる賞恤金は、最高で一七〇〇万円が限度で、それくらいではどうしようもないと考えていた森田は保険に目をつけ、誰がどこの保険に幾ら入っているかのチェックを始めた。

その一方では派遣隊員が加入している主な保険会社の担当者を呼んで、「ペルシャ湾に行くことになるかもしれないが、行ってもし死亡した場合、保険金は出るのか」と聞いたところ、大半が出ないという返事だった。

かつてイラン・イラク戦争のときタンカーが不審船にやられて犠牲者が出たことがあり、そのとき保険金を出した会社があった。そこで出発までの一週間のうちに保険金の出ない会社は解約して、出る会社に入るようにしていたところ海幕から電話があり、そういう心配は中央でやるからと言って来た。それでは間に合わないからと言ったら、二、三日して今回はいろいろ出ることになったからとの報せがあった。

最悪の場合、四隻のうち一隻は触雷するかも知れず、そうなったら乗員の損害は覚悟しなければならないと考えていた森田はひとまず安堵したが、さる保険会社の支部長の心無い一言が胸に深く刺さった。

「森田さん、今度は保険金が出るようになりましたから。掃海艇一隻まるまるやられてもざっと四〇人そこそこだから、それくらいではウチの会社はつぶれませんよ」

保険の話は横須賀でもあった。これは新任艇長桂真彦一尉の「あわしま」での話。

「ペルシャ湾に行くという話があってから、いろいろな保険屋が勧誘に来たので乗員の間に動揺が広がったことがあったから私は言った。朝鮮戦争や戦後の掃海で亡くなったのはみんな居住区にいた人たちで、たとえ触雷しても上甲板に待機していればケガすることはあっても死ぬことはない。もし死ぬ確率が高ければ保険屋は損するわけだから、彼らが勧誘に来るのは逆に安全であることの証拠ではないか、と」（桂）

政府が派遣隊員に対する賞恤金の最高限度額の引き上げを含む〝湾岸手当〟などの新設を決めたのは、部隊がいっせいに出港した四月二六日のことであった。

四、やっと間に合った出港準備

遅れに遅れたペルシャ湾派遣の決定。それに伴って急がなければならない数ある作業の中でも、特に大変だったのは、派遣要員の補充と、必要な物品資材集めとその積み込みだった。

海上自衛隊の隊員数は平成三年当時で約四万五〇〇〇人ほどだったが、多数の艦艇に必要な乗員の定数を満たすには至らず、特に掃海艇のような補助艦艇の乗員充足率は七五パーセント程度に止まっていた。これは「ひこしま」クラスの掃海艇に当てはめると、四三名の定員に対して普段乗っているのは三二名ないし三三名ということになってしまう。

すでに海幕ではペルシャ湾派遣艦艇については充足率一〇〇パーセント、つまり定員いっぱいにして出すことを決めていたので、その作業を急ぐ必要があったが、人が余っているわけではないので、他の艦艇から引き抜いて充当するしかない。

しかし、防衛庁長官から海幕長に対し掃海部隊派遣の具体的な指示が出されたのは、出港一〇日前の四月一六日で、それ以前は公にできないので人選は内密に進められ、もっとも遅い人事は四月一八日になった。すでに出港の一週間前とあって、この隊員は訓練中だった青森県八戸沖の洋上からヘリコプターで八戸に戻り、飛行機に乗り換えて厚木に飛び、ここから横須賀に赴任するという慌ただしさだった。

ほかにも同様な転勤を強いられた隊員も少なくなかったが、旗艦「はやせ」以下六隻の派遣部隊の総員は最終的に五一一名で、各艦艇とも一〇〇パーセントの乗員が決まるまでにはそれぞれにドラマがあった。

「かならずしも全員が熱望というわけではなかったが、派遣が決まったとき、辞退者が一名出た。説得したが、親から危ないところには行かないでくれと言われたというので、降りてもらうことにした。もう一人、父母と奥さんが病気がちで、それまでにも具合が悪くなって船を降りたのがいた。本人は行きたがったが、今度は何かあってもすぐ帰るというわけにはいかないからと降ろした。

親に反対されて行けなかった者、希望しても家族の事情で行けなかった者、希望はしないが命令だから行くと答えた者など、いろいろだった」（横須賀、「あわしま」艇長桂一尉）
「私が預かっていた佐世保では不希望や辞退者はゼロだったが、父親がガンで危ないというので無理やり降ろしたのがいた。もう一人、奥さんが腰椎分離症で乳飲み子を三人抱えていたので降ろそうとしたが、親族会議の結果、父親が家族の面倒を見ることにしたから行かせてやってくれというので、連れて行くことにした。この二人は最初から降ろそうと思っていたが、降ろした一人は八月に父親が亡くなったので、やはり降ろしてよかったと思った」（佐世保、第14掃海隊司令森田二佐）
「健康に不安のある者八名を降ろし、新しく一四名を補充した。定員は四三名だから、乗員のおよそ三分の一が入れ替わったことになる。ふつう乗員が三分の一も交代したら実力を発揮できるようになるまでには、二ヵ月ほどの再練成訓練が必要と言われている。それをまだ入れ替わった乗員の顔もよく知らず、しかも一回も一緒の訓練をしないまま出港したらどうなるか、いささか心配になった」（呉、「ゆりしま」艇長梶岡三佐）
艦長、艇長クラスの発令の中でも比較的遅かった補給艦「ときわ」の両角良彦一佐が派遣を知らされたのは平成三年三月二〇日、佐世保で護衛艦「くらま」から「ときわ」に、いわゆるブイ・ツー・ブイの着任を果たし、母港横須賀に回航した三月二五日で、着任の挨拶のため訪れた自衛艦隊司令官小西海将からだった。そして両角が乗員にペルシャ湾派遣任務の概要を知らせ、健康上の問題、家庭の都合などで参加を望まない者は本日一六時までに分隊長に申し出るよう告げたのは、出港を一〇日後に控えた四月一六日午後のことであった。「無茶を承知とはいえ、家族に相談させる暇を与えなかったのは、国家の一大事に際し、サラリーマン化に慣れつつある甘えの考えを断ち切りたかったからである」（両角）

幸いにも一六時を過ぎても辞退者は出なかった。そこで実習中もしくは学生予定者、近く転出が予定されていた乗員をすべて転出させ、定員に満たない人数を他の艦艇から補充するなど、ペルシャ湾派遣を公表した四日後にはすべての人事交替を完了した。

派遣部隊幹部の人選、乗員の定数確保と並んで急がれたのが、不要物品の陸揚げと必要な補給物品の搭載だった。

派遣部隊の現地での成否を左右する物品の補給計画については、毎年海上自衛隊が行なっている遠洋練習航海などを参考に立案されたが、「はやせ」と四隻の掃海艇については国内での長期訓練時と同程度の物資搭載にとどめ、それ以外に必要な燃料、水、糧食、各種装備品や掃海具の予備などは補給艦「ときわ」に搭載することになった。

「三ヵ月程度の長期行動についてはどういうものがいるか、たとえば機雷探知機の部品はどれが何個いるかなどについてはすでにリストアップされていたので、六ヵ月ならその倍持っていけばいいことになるが、何分にも量が多いのでどれを自分の掃海艇に積み、どれを母艦の『はやせ』に積むかの選別に頭を悩ませた」（呉、「ゆりしま」艇長、梶岡三佐）

派遣部隊の任務上もっとも重要な武器弾薬の輸送と搭載を担当した海幕武器課の弾薬担当

遠藤仁二佐の場合は、もっと大きな難題にぶつかった。それは、機雷に取り付けて処分する爆雷用の火薬を横須賀から呉に運ぼうとしていたときだった。

爆雷は陸路トラックで運ばれるが、危険物だから通過する各県公安委員会の許可が要る。ところが、折から来日中のロシアのゴルバチョフ大統領が東京から京都に行くのにぶつかり、東海道沿いの各県の許可が下りなくなってしまった。仕方がないので日本海沿いに新潟まわりで運ぶ算段をしているところに、ペルシャ湾に行く第1掃海隊群司令部技術幕僚の発令を受け、一日で後任の担当に引き継ぎを終えて呉に赴任した。

呉では「はやせ」に対潜用のM44魚雷を満載するため、隊員たちが土日返上で江田島から運んだ魚雷を積み終えたところへ、今度は「魚雷は載せてはいけないことになった。急いで降ろせ」の指示があり、折から他の弾薬を搭載中の「はやせ」は一時大混乱を呈したことがあった。

先の太平洋戦争のミッドウェー海戦で、魚雷―爆弾―魚雷と兵装転換の混乱が敗北の最大の要因になったことがあったが、「はやせ」の場合は戦闘中でなかったのが幸いだった。

佐世保にいた第14掃海隊司令森田二佐の場合は、それぞれ専門の担当や隊員たちとは違った立場から、何を持って行くべきかを判断しなければならなかった。

「派遣が決まってから『海鳴りの日々』『朝鮮掃海史』『日本航路警戒史』など掃海関係の本を何冊も読んだが、読むうちにどんな苦労があったか、また何が必要かなどが見えてきた。

中でも一番貴重なのは水で、食器を洗う水を節約するため使い捨てのプラスチック製弁当容器を二万個ほど積み込んだ。それと二リッターのポリタンクを一人二個ずつ。

変わったところでは、知り合いの現地在住邦人の方から聞いた『あちらでは虫が水を求めて人の目を狙って飛んでくる』という話から、現地の獰猛な虫対策に佐世保の衛生隊にあったキンカンやムヒの強力なのをそっくり持っていった。さらに蝿取り紙に酒や煙草も。とにかくあらゆる物資を約一週間積み続けた」（森田）

積んでいって大いに役立ったものの一つに、金属パイプ補修用のテープがあった。磁気を嫌う掃海艇に使われている金属といえば青銅とアルミで、エンジンを冷やすアルミ製のパイプ類がさびてよく穴があく。ところが、アルミ溶接の技術は掃海艇には無いので、熱に強く、直ぐに硬化するテープを沢山請け出して積んでいった。これが大いに役立ち、現地では他の艇にも配って喜ばれた。森田が戦史を読んだ効果の一つであった。

こうして積んで行って役立ったものもあれば、積んで行ったが役立たないでよかったものもあった。それは遺体を入れる四〇袋のボディパックで、「ときわ」の倉庫に目に付かないよう収納されていた。最悪の事態を予想しての、絶対にあって欲しくない配慮であった。

物資搭載で頼もしかったのは、八一五〇トンの補給艦「ときわ」だった。

横須賀を母港とする「ときわ」は護衛艦八隻、ヘリコプター八機で編成される一個護衛隊群の支援を目的に建造されただけに十分な搭載能力があり、出港までに燃料は満載、糧食は生鮮食品一ヵ月分、米や冷凍食品など一五〇品目については数ヵ月から半年分搭載した。燃料や糧食だけでなく、艦艇の故障に備えた部品の予備は、掃海艇エンジン、掃海用ケーブル、オイルフェンスから各種配管材料やボルト、ナット類に至るまで、約三〇〇〇品目に達した。

このほか、厚生省認可の診療所を持つ「ときわ」には、ベッド八床をはじめX線装置など各種医療機器が完備しているが、今回は通常の医薬品の他に、特に海蛇にかまれたときの血清や砂塵による眼疾用目薬、日焼け止めクリームといったものまで積み込まれた。

「長期行動に備えて居住施設の一部改造、電子機器やエンジンの点検には横須賀造修所が、物品の搬入、陸揚げには横須賀補給所が夜を徹して効率よく動いてくれた。

岸壁の広さと搭載能力を考え合わせ、物資搬入のトラックはまるで列車のダイヤのように効率よく運行されただけでなく、この作業をより円滑に進めるため、横須賀地方隊を挙げて物資搭載のための応援隊員が派出された。

出港する部隊と、それを支援する部隊とが一つの目的達成のため一体となっての行動であったが、海上自衛隊創設以来初めての大仕事がそうさせたのかも知れない」（横須賀、補給艦「ときわ」艦長、両角良彦一佐）

一方、派遣される隊員のほうも多忙だった。物資搭載と併行して予防接種、出国前の健康診断、換金、免税品持ち出しの手続き、向こう六ヵ月間の不在を予想しての下宿の整理、免許証の更新手続き、それに加えて現地で開設される予定の「ときわ郵便局」の開局手続きなどが進められた。これに対して検疫、税関など出国手続きについては横須賀地方総監部の支援を得るなど、「これほどに部隊間の呼吸が合った仕事を、かつて経験したことはなかった」(両角)というほどに、派遣準備は短期間に進み、四月二三日にはすべての出港準備が完了した。

こうして二四日夜、ペルシャ湾派遣が閣議決定され、出港は四月二六日となることが全派遣部隊に伝えられた。

第二章——遙かなり、ペルシャ湾

一、それぞれの出港

夜を日についでの兵器や物品の搭載、ぎりぎりに間に合った乗員の交替と補充など、慌(あわ)ただしかった日々も終わり、平成三年四月二六日の出港の日を迎えた。とはいっても、この日まで六隻の派遣艦艇が一緒の訓練はもとより、一度も会同したこともないまま横須賀、呉、佐世保の三ヵ所から別々に出発するという異例の出港となった。

このうち補給艦「ときわ」（艦長両角(もろずみ)良彦一佐）と二隻の掃海艇「さくしま」（艇長田村博義三佐）、「あわしま」（艇長桂真彦一尉）の母港である横須賀では、他の基地より六時間早い午前八時ちょうど、ラッパ「君が代」の吹奏を合図に自衛艦旗が掲揚され、出発式典が始まった。

湾岸戦争から帰ったばかりの空母「ミッドウェー」などが碇泊する物々しい雰囲気のアメリカ海軍基地に隣接する桟橋には、中曽根康弘元首相、大島内閣官房副長官、防衛庁の依田事務次官、フェルナンデス在日アメリカ海軍司令官、それに隊員家族ら合わせて五〇〇人ほどが出発式に参加した。

たまたまこの日、ASEAN五ヵ国歴訪に出発する海部俊樹首相に代わって官房副長官が、「国際社会への人的貢献として、派遣は大きな意義がある。諸君の安全を祈る」とメッセージを読み上げると、補給艦「ときわ」艦長両角良彦一佐が、「一同力を合わせて任務の完遂に全力を尽くします」と答え、大きな拍手を浴びた。

式典を終えた三隻の乗員二二五名は、勇壮な軍艦マーチの演奏を背に、桟橋からそれぞれの艦艇に乗り込み、午前九時少し前、掃海艇「あわしま」「さくしま」、補給艦「ときわ」の順に、長い汽笛を吹き鳴らしながら出港を開始した。

どんな別れであっても別離は切ない。まして、これから向かうペルシャ湾での危険な作業を思えばなおさらだ。桟橋では家族や知人、恋人、制服姿の自衛隊員らが艦影が見えなくなるまで手を振って見送った。

派遣に反対する市民団体の抗議運動は小規模ながらあったものの東京湾を出るころには、つぎつぎに仲間の艦艇や防衛大学校のカッターによる登舷礼式（乗組員が甲板上に等間隔に並び、長期の航海に臨む部隊を敬意をもって見送る儀式）、さらには空からの航空機による見送りを受け、若葉薫る房総半島や湘南の山々にしばしの別れを告げた。

派遣部隊指揮官落合一佐のいる広島県呉基地には、派遣部隊司令部が置かれた掃海母艦

「はやせ」(艦長横山純雄二佐)、掃海艇「ゆりしま」(艇長梶岡義則三佐)の二隻がFバースに碇泊していたが、二隻の乗組員たちは午前八時半までの乗艦指示に対し、三〇分前にはほとんどが乗り込んでいた。このため午後二時から予定されていた壮行式の四時間も前の午前一〇時ごろから派遣隊員の家族たちがつぎつぎに詰めかけ、束の間の別れを惜しんだが、中には帰りが悲しくなるからと見送りに来なかった若い妻もいた。

午後二時過ぎ、降り出した雨の中、壮行式は海部首相代理の坂本官房長官、池田防衛庁長官代理の江口政務次官、佐久間一海上幕僚長を迎えて行なわれた。

「日本が国際的貢献を果たすための、最大の人的貢献である」(首相)、「国際貢献の輝かしい先駆けとなることを祈る」(防衛庁長官)とそれぞれの挨拶の代読に対して、派遣部隊指揮官落合一佐が、「使命の重大性を自覚し、国民の負託にこたえるよう任務遂行に全力を尽くす」と力強く答えた。

このあと乗員は呉音楽隊の演奏する軍艦マーチに送られて乗艦、二四〇名の隊員を乗せた二隻は、家族約六〇〇名のほか呉基地所在の支援隊員多数が見送る中、午後三時過ぎ相ついで岸壁を離れた。

派遣に反対する運動はここでもあった。地元の市民団体がゴムボート一〇隻を繰り出して、壮行式の間中、海上デモを展開、一時は岸壁の二〇メートル近くまで接近し、掃海艇派遣反対の横断幕を海上に掲げたり、シュプレヒコールを繰り返したりしたが、近隣からの応援艇を含めた呉海上保安部巡視艇の活躍で、大きなトラブルもなく無事に出港できた。

佐世保から派遣部隊にただ一隻参加する第14掃海隊司令森田良行二佐、艇長新野浩行三佐ら四七名の乗る掃海艇「ひこしま」では、普段は一二名の乗組員が艦内に止まっているところ、出港前日の二五日は当直四人を除いて特別上陸の許可が下り、それぞれ家や下宿に帰っていた。

一夜明けた二六日朝、上陸から戻った乗組員たちが倉島桟橋に碇泊する「ひこしま」のタラップを慌ただしく駆け上がるころから、壮行会に向けての準備が始まった。

岸壁では折から降り出した雨のため、壮行会用のテントを増やす作業が始まったほか、佐世保警察署は警備本部を設置して署員一五〇人が警備体制に入り、佐世保海上保安部は巡視船四隻を派遣して海上の警備にあたった。

呉と同じく午後二時過ぎに倉島岸壁で始まった壮行会は、寺島泰三統合幕僚会議議長をはじめ各自衛隊西部方面部隊のトップ将官、マーティン・K・コリンズ米海軍佐世保基地司令官のほか自衛官や家族、一般市民ら約一〇〇〇人が出席して行なわれた。

寺島統幕議長が岸壁に整列した乗組員らを巡閲したのち、「七〇〇〇マイルの長い航海、そして機雷除去には危険と困難があると思うが、遺憾なく力を発揮するとともに、国際貢献の輝かしい先駆となることを期待する」との防衛庁長官の訓示を代読、これに対して森田第14掃海隊司令が「全員士気高く健康。全力で任務を完遂し、元気に帰ってくることを誓います」と挨拶した。しかし、「聞き入る家族の中には、こんな若僧にうちの息子を任せていいのかとでもいいたげな険しい目つきも見られ、改めてこの任務の重さに身の引き締まる思いがした」（森田）という。

このあと森田司令、新野艇長らに花束が贈られて壮行式を終え、盛大な見送りの中を「ひこしま」は静かに岸壁を離れたが、見送り行事はこれで終わらなかった。

家族ら約一〇〇人を乗せた護衛艦「まきぐも」に、「ひこしま」と同じ第14掃海隊の「やくしま」「なるしま」を加えた三隻が港内から、そして港外に出ると護衛艦「くらま」など八隻が加わって沖合いまで伴走、最後は観艦式のように一一隻が一列に並んで反航しながら遠ざかっていった。

横須賀、呉の二基地同様ここでも派遣反対運動があり、倉島岸壁から約三〇〇メートル離れた対岸からは大音量の出港反対の叫びが浴びせられたが、横須賀や呉のようなゴムボートによる妨害もなく、比較的平穏な出港となった。

「式典の間中、上空のばたばたという取材ヘリコプターの騒音と対岸からのスピーカーの大音声が聞こえ、騒然たる雰囲気だった。さらに出港すれば小さな掃海艇一隻に対して一一隻もの見送りとあって、そこまではまだお祭り気分のようなところがあったが、見送りの艦艇の姿が次第に遠ざかって見えなくなると、それまではしゃいでいたのがシーンとなり、誰も笑うものがいなくなった」

掃海艇「ひこしま」隊勤務萩原文蔵一尉の語る佐世保出港時の様子だが、二六日夕刊から二七日朝刊にかけての新聞各紙の一面には、「掃海艇、ペルシャ湾へ出港」「賛否の波紋残し……」「緊張と不安の船出」などの見出しが大きく踊り、社会面では派遣隊員を見送る家族たちの様子を細かく伝えていた。

出港関連の記事の中でも注目されるのは西日本新聞に載った、朝鮮戦争の際の掃海艇派遣に関わった大久保武雄初代海上保安庁長官の「白昼堂々、見送りの人も多く、むしろ華やかに感じた」との印象とともに、「掃海作業はいわば手仕事で板子一枚下は地獄、いつも命がけ。事故が起きなければいいが」と、事故への懸念を語った言葉だ。人目を避けてひっそりと掃海部隊を送り出さなければならなかった辛い経験を持つ大久保ならではの懸念だった。

また、二七日付朝日新聞朝刊の社会面では、呉基地のF岸壁で「はやせ」「ゆりしま」の出港を見送った朝鮮戦争当時の日本特別掃海隊の元隊員ら十数人について触れ、「掃海作業は機雷のことを熟知していても、ときとして危険を伴う。今日出発する隊員たちにはまず無事で帰って来いと言いたい」との、元隊員のコメントを載せている。

横須賀、呉、佐世保の各港から別々に出た六隻の艦艇は一路、最初の集合地点である奄美大島の笠利湾を目指した。奄美大島は鹿児島から南西約三五〇キロの洋上、沖縄の少し手前に位置する、薩南諸島の中で最大の島だ。

最初に錨を入れたのは、派遣部隊指揮官落合一佐の乗る掃海母艦「はやせ」で、掃海艇「ゆりしま」と共に二八日朝八時前、小雨のぱらつく笠利湾に投錨した。その後少し遅れて佐世保からやってきた第14掃海隊司令森田二佐の乗る掃海艇「ひこしま」が入港し、「はやせ」の左舷に「ゆりしま」、右舷に「ひこしま」が横付けしたのが八時を少し回ったころだった。さっそく真水の搭載、必要な物件の載せ換えが実施されたが、それはこの後の航海中に何度となく繰り返されることになる、あたかも母親が子に乳を飲ませているかのような情景であった。

夜に入って午後八時過ぎ、北西の水平線に一番遠い横須賀からやってきた補給艦「ときわ」の灯が見え始め、午後九時過ぎに投錨、同航してきた第20掃海隊の「あわしま」「さくしま」の横付けをもって、「ペルシャ湾掃海派遣部隊」の会同を終えた。

この間、笠利湾には海上保安庁の巡視船「あまみ」及び「いそなみ」が水域の警戒にあたり、岩国基地から飛来した救難飛行艇US-1が国内ニュース満載の新聞がいっぱい入った物量傘を激励メッセージとともに投下して行くなど、派遣部隊への期待の大きさをうかがわせる出来事があった。

「一隻だけで心細かったのが、母艦まで含めて六隻になったので、いつもやっている合同訓練のような雰囲気。出身がそれぞれ違う者が集まって、心強くもあり、楽しくもあるという気分だった」(「ひこしま」乗組の隊勤務萩原文蔵一尉)

二九日早朝、各隊司令、各艦長及び艇長、司令部幕僚らが補給艦「ときわ」に集まり、初顔合わせを兼ねて研究会が開かれた。

席上、派遣部隊指揮官落合一佐からここに至るまでの苦労に対するねぎらいの言葉があり、あと研究会に入ったが、ペルシャ湾の環境の様子、処理すべき機雷の状況、感度とか深度、敷設の状況など、肝心の掃海作業に必要な情報がないため触れられることはなく、むしろこれから通過することになるインド洋の季節風「モンスーン」に遭遇しないよう航海を急ぐこととか、磁気チェックをどうするかなどに話題が集中した。そして最後に落合指揮官が、「本行動中、もっとも大切なのは士気を高く保って、安全第一で作業を進めること」と訓示して研究会を終えた。遅れた派遣決定がもたらした準備不足の、何かと不安の多い旅立ちであった。

研究会を終え、折からの高い波浪で揺れる内火艇で各艦艇に帰った指揮官たちは、さっそく出港準備にかかり、午前九時過ぎ、「はやせ」を先頭につぎつぎに単縦陣で出港を開始した。出港して間もなく、付近を警戒中の海上保安庁の巡視船から「御安航を祈る」との無線が入り、これに対して「貴方のご協力を感謝す。御安航を祈る」旨の派遣部隊指揮官からの旗旒信号が「はやせ」の揚旗線に揚がった。

さらに午後二時ごろ、奄美大島の東側を「はやせ」を先頭に単縦陣で進む派遣部隊上空を、那覇基地から飛来した対潜哨戒機Ｐ３Ｃに乗った佐久間海幕長が激励に訪れ、派遣部隊の艦上からは「帽振れ」で答礼するひとコマもあった。Ｐ３Ｃのあと、今度はＦ４「ファントム」戦闘機が編隊で飛来したが、派遣部隊に対する空からの見送りのフィナーレは、航空自衛隊小牧基地司令官みずから操縦するＣ１３０輸送機だった。この見送りはかなりの時間続き、あたかも航空自衛隊による難民輸送計画中止の悔しさと引き替えに、派遣掃海部隊への強い期待が秘められているかのようであった。

二、さらば、祖国よ

最初の外国寄港地となるフィリピンの米海軍スービック基地を目指していた派遣部隊に四月三〇日夕方、うれしい電報が届いた。

「三〇日一四二七（午後二時二七分）男児出産　母子ともに元気　航海の安全を祈る　妻」

四隻の艇長の中では一番若い掃海艇「あわしま」艇長桂一尉の奥さんからで、この幸先のいい報せに対し、さっそく派遣部隊指揮官落合一佐から祝電が発信された。

「あわしま艇長に男児誕生の報に接し、ＯＭＦ（注、派遣掃海部隊）全乗員を代表して、心からお祝い申し上げる。新生の子と我々の前途に幸おおかれ」

それはこの派遣期間中に隊員家族に生まれた一二人の新しい生命の、先駆けであった。

その三〇日も陽が落ち、夜の帳に包まれようとしていたころ、石垣島沖を航行していた派遣部隊の後方から灯りをつけ、スピードを上げて追ってくる一隻の船があった。海上保安庁の巡視船「よなぐに」で、マストにかかげたＵＷ（ユニフォーム・ウイスキー＝安全なる航海を祈るの意味）信号旗を下から探照灯で照らし、甲板には登舷礼で立ち並ぶ乗員の姿が見られた。

海上保安庁の巡視船とは、ふだんは共通の任務や交流の場はない。捜索活動にしてもエリアを別にすることが多い。しかし、共に海に生きる熱い思いは変わらないのだ。やがて「よなぐに」は発光信号を点滅させながら次第に遠ざかっていった。そして、これが日本での最後の見送りとなった。

艇長に長男誕生の朗報が入った掃海艇「あわしま」に、エンジンのパイプに亀裂が入るトラブルが発生したのは翌五月一日午前のことであった。「あわしま」内部では修理不能とあって、このままではいずれ落伍は免れない。けれども、応急の寄り合い所帯のはずの派遣部隊が、この時みごとなチームワークを発揮した。修理能力のない「あわしま」から掃海母艦「はやせ」が故障部品を受け取り、修理して戻すという方法を洋上で走りながらやってのけたのである。

ふつう護衛艦同士や補給艦との間で燃料や物品、人員などを受け渡しするのに、接近して並走しながら互いに立てたポールの間に渡したワイヤーを介して行なうハイラインと呼ばれる方法が使われるが、小さな掃海艇にはそんな設備はないし、危険でもある。

そこで「あわしま」と「はやせ」が一時隊列を離れ、「はやせ」から流したロープを後続する「あわしま」が受け取り、前後に渡したロープを介して物品を授受する、いわばハイライン別法とでもいうべき「縦曳き洋上補給法」が実施された。

この手法は功を奏した。待機していた「はやせ」の応急修理工作班が直ぐに作業にかかり、たちまち修理して再度ハイライン別法で「あわしま」に戻して復旧を終えた。故障発生からわずか二時間足らず、しかも走行しながらの作業だったので航行の遅れもわずかで、部隊は順調な航海を続けることができた。

そもそも日本の掃海艇は、MSC（マイン・スウィーパー・コースタル＝沿岸掃海艇）の名が示すように、日本の沿岸で作業するようにできている。だから洋上で給油とか補給などをする装置はなく、燃料、真水、食料など一週間ぐらいしかもたない。基本的には港を出て作業をして、帰っては補給をしてまた出て行くというオペレーションのスタイルだ。それが今度は日本を出たあとはフィッリピン、シンガポール、ペナン、コロンボ、カラチなどすべて七日航程なので、どうしても航行途中で真水と油の補給がやれるようにしておきたい。

この必要から生まれたのが「縦曳き洋上補給法」だが、幸いこれについては、すでに第1掃海隊群で考案された「蛇管（だかん）ピックアップ法」として実績があり、掃海母艦「はやせ」にはその設備があった。この方法によれば、水や油だけでなく何にでも応用が利く。

津軽海峡を通るロシアの船で行なわれていたのにヒントを得たといわれ、本番でみごと成功を収めたが、それは一八八日にわたった派遣部隊の出動期間中一度も故障によって欠けることなく、一〇〇パーセントの稼動を果たした〝完全試合〟の始まりであり、以後、何回となく繰り返されたすばらしいチームワークの小手調べでもあった。

最初の寄港地となるスービック米海軍基地に向けての航海は、波がフネの後ろから来るいわゆる追い波だったこともあって順調そのものだった。台湾の南端を掠（かす）めてバシー海峡から南シナ海に入ると気温がいよいよ上がったが、同時に不審船に対する警戒も厳重になった。

当時、フィリピン近海では、機関銃を装備した高速モーターボートによる海賊行為がしばしば発生し、波静かな海とは対照的に危険がいっぱいだったからだが、派遣部隊の武装といえば掃海母艦「はやせ」の七六ミリ単装速射砲と浮遊機雷の射撃に使う掃海艇の二〇ミリ機関砲ぐらいで、おまけに掃海艇の艇体は木造だから攻撃に対して決して強いとはいえない。「海賊行為に対しては国際法に準じて対応するが、日本国籍の公のフネが海賊に襲われたとあっては、それこそ世界の物笑いの種になるので、そんなことのないよう警戒を厳しくしながら航行した」

派遣部隊司令部首席幕僚宮下英久一佐の回想であるが、幸い堂々の隊列を組んで航行する姿に恐れをなしてか、近寄ってくる不審船もなく、派遣部隊は予定より一日早い五月三日夕刻、スービック湾に入って投錨、翌四日朝、アメリカ海軍のタグボートに曳かれて軍港内のアラバ埠頭に接岸した。

岸壁ではフィリピン海軍軍楽隊二四名による歓迎演奏の中、日本大使館の安部公使、スービック基地のアメリカ海軍高官らが出迎えたが、部隊の最初の外国寄港地ということもあって、四〇名を超える報道陣が取材に集まり、日本でもこの日の昼の国内ニュースでその模様が報じられた。また、折からＡＳＥＡＮ諸国歴訪中でフィリピンに来ていた海部首相から落合指揮官あてに激励の電話が入り、部隊に対してはパパイア、マンゴー、バナナなど南方の果物四トンほどの差し入れがあった。

日本を出てから九日ぶりの初の海外寄港であったが、基地から外に出ることなく補給作業にあたった隊員たちにとって、何よりの贈り物は久しぶりの入浴だった。「ときわ」「はやせ）からたっぷり水をもらった各掃海艇では、最初の航海の汗を流す隊員たちのうれしそうな光景が見られた。

先を急ぐ旅とあって隊員たちの上陸もなく、基地での補給作業を終えた部隊は、午後五時（日本時間午後六時）過ぎ、つぎの寄港地シンガポールに向けて出港したが、部隊が南シナ海に面した湾口に差し掛かったとき、前方から近づいて来る大きな艦影が現われた。

それは湾岸での任務を終えて帰国途上にあったアメリカ海軍の強襲揚陸艦「サンベルナルディノ」で、すれ違ったとき、兵員輸送車や自走架橋車などを満載した甲板からは、迷彩服に身を包んだ鈴なりの海兵隊員たちから喜びいっぱいのパフォーマンス豊かなコールが送られて来、なかには「バンザイ」を叫んでいる姿も見られた。今からそのペルシャ湾で後始末の掃海に向かおうという派遣部隊の隊員たちにとっては、何とも複雑な思いの遭遇であった。

スービックを出て三日目の五月六日夕方、隊列の四番目を航行する掃海艇「あわしま」の前甲板で、珍しい洋上慰霊祭が執行された。かつての太平洋戦争中、南方海域で沈んだ旧海軍の「第二八掃海艇」の慰霊行事で、今度の掃海部隊派遣を知った同艇の戦友会の要請に応じて行なわれたものだった。この慰霊祭に幹部代表として参加した「あわしま」機関長田中利夫二尉の父親がこのフネに乗っていたが、艇が敵潜水艦による雷撃で沈没後、陸戦隊員として守備についていたセレベス島で、米軍機による空爆で戦死している。

「夕焼けに染まるボルネオ沖の海上に、『海ゆかば』が流れる中、純白の礼装に身を包んだ幹部、海曹、海士代表の三名を中心にして総員が上甲板に整列し、慰霊祭は厳粛な雰囲気の中、斉整として執り行われた」

派遣期間中、部隊内で発行された新聞「たおさタイムズ」に載った当日の洋上慰霊祭の模様であるが、いつかは戦死した父親の弔いをと志を立てて海上自衛隊に入った田中二尉は、入隊後二七年目にして念願がかない、「やっと胸のつかえが取れた気がします」と、静かに語った。

「第二八掃海艇」の洋上慰霊祭から三日後の五月九日午前一一時一五分、部隊は二番目の寄港地であるシンガポールの軍艦錨地に投錨した。ここは約一ヵ月に及ぶ往きの航海中、唯一の上陸ができるところとあって、さっそく始まった油、真水、生鮮食料などの積み込みも大いに能率が上がった。

隊員五一一名の約三分の二が交代で上陸したが、上陸番にあたった隊員たちは早々とシャワーを浴び、午後一時からチャーター便のフェリーボートで上陸した。

「はじめて見るシンガポールの町並みは、南国の日の光に輝いていた。恐る恐る使ってみる英語、さっそく飛びつく電話、とにかくこれからの航海のために英気を養う絶好の機会であった」と「たおさタイムズ」は伝えているが、これから未知の海域での危険な作業に向かう途中とあって、上陸の解放感も程々で、免税品のお土産も任務を終えて無事帰るときまでと、買うのを控える隊員が多かった。

それどころか、ペルシャ湾での掃海作業での主役となるEOD（水中処分員＝ダイバー）チームはうでが鈍らないよう集合訓練を実施するなど、来るべき本番への備えを怠らなかった。

隊員たちがそれぞれの時間を過ごしたシンガポールに別れを告げて、三番目の寄港地となるマレーシアのペナンに向けて部隊が出港したのは翌一〇日の正午だった。

太平洋戦争中は日本海軍の潜水艦基地として知られたペナンは、シンガポールからそう遠くはないが、マレー半島に近接して平行に横たわるインドネシアのスマトラ島との間の狭い水路のマラッカ海峡を通らなければならない。ここはインド洋と南シナ海を結ぶ重要な水路で、中東への石油依存度の高い日本のタンカーの往来も激しい。そんなタンカーがすれ違う際、国際VHFで派遣部隊がこの先航行することになるインド洋の天候や海の様子などを報せてくれた。

そして、「ご苦労様です。頑張って下さい」と激励の挨拶をよこしたりしたが、中でも感動的だったのはマラッカ海峡で浚渫作業をやっていた五洋建設の「第二名古屋丸」との出会いで、作業船上で日の丸の旗を振り、UW旗を掲揚して歓送の意を表わす浚渫船に対し、こちらも進路を変更して作業現場の近くを通過し、登舷礼式で答えたが、故国を遠く離れた洋上での交歓は胸迫るものがあった。

「ほかにも日本のフネはいっぱいいた。多くの船員の中には、自衛隊の海外派遣に対して批判的な人もいたと思うが、『オレたちは同じ船乗りの仲間なんだ』という意識があったと思うし、同じ出会いでも国内と遠く離れた外国の洋上とでは感覚が違う。まして海外に出たことのない自衛艦との出会い、それも自分たちが通らなければならないペルシャ湾の航路安全のためめに行なってくれるのだ。そんな思いが、ふだんより熱烈な見送りになって現われたのだと思う」

「ゆりしま」艇長梶岡義則の回想であるが、第14掃海隊司令の森田良行はこう語る。

「日本は中東区域から年間二億五〇〇〇万キロリッターくらいの原油を買っている。一〇万トンタンカーで一日に五、六隻はマラッカ海峡を通る勘定になる。出発前、初めて海上自衛隊のフネがマラッカ海峡を通るについて、現地の反感を買うのではないかとだいぶ言われた。それが実際に現地に来てみると、東洋の代表として頑張って来いというような話ばかり。それにすれ違う船からの激励も多く寄せられ、隊員たちもわれわれ指揮官が言うよりもしっかりやらなければという気持になった」

こうして貴重な体験を重ねながら一一日夕刻、マラッカ海峡最後の通峡分離帯を抜けて海峡を通過した派遣部隊の六隻は一二日朝、南国の朝日を浴びながらペナン港に入港、「はやせ」「ときわ」各掃海艇の順にペンカーン・スウィーテンハム埠頭に接岸した。ここで前二回の寄港時同様に燃料、真水、生鮮食料などの補給搭載を行ない、夕方には早くも次の寄港地であるスリランカのコロンボに向け出港、インド洋横断の壮途についた。

三、第一次世界大戦、第二特務艦隊の活躍

実は日本の艦艇がインド洋を渡るのはこれが最初ではなく、以前に二度ほどあった。その一つはこのペルシャ湾掃海部隊派遣より四九年前の昭和一七（一九四二）年四月五日、太平

洋戦争緒戦時の正規空母五隻を基幹とする日本海軍機動部隊によるコロンボ空襲と、戦争中期までのペナンを基地とした第八潜水戦隊によるインド洋通商破壊作戦の時であり、もう一つはさらにさかのぼって第一次世界大戦中の大正六（一九一七）年春、駆逐艦八隻を含む第二特務艦隊が地中海に派遣された際のことだ。

太平洋戦争では日本はアメリカ、イギリスを主軸とする連合国を敵に回して敗れたが、第一次大戦では日英同盟のよしみもあって連合国側として参戦した。しかし戦争の初めごろ、イギリスは新興国日本の軍事貢献をあまり歓迎せず、先の日露戦争で無敵といわれたロシアのバルチック艦隊を破った日本海軍の協力をアジア太平洋地域に限定していた。

ところが、戦争が進展するにつれてUボートと呼ばれたドイツ潜水艦による船舶の被害が増大し、さらにドイツが無制限の通商破壊作戦に移行することを宣言するに及び、世界最強の海軍力を誇ったイギリスもその対応に苦慮しはじめた。

わが庭のように考えていた地中海の海上交通が危機にさらされ、連合国の艦船の航行はもとより軍隊や軍需物資の輸送までが不可能になる恐れが生じたからで、ここに至ってイギリスは開戦三年目の大正五年末から六年（一九一六〜一七年）はじめにかけて、ほかの連合国側の諸国とともに日本艦隊の地中海派遣を要請して来た。

この要請を受けた日本は、秘密裏に駆逐艦二隊八隻を基幹とする第二特務艦隊を編成し、地中海派遣を決めた。二月一八日、艦隊が集結するシンガポールを目指して駆逐艦「梅」など四隻の第11駆逐隊が吹雪の佐世保軍港を出たが、行く先を知らされていなかった乗員たちは、マストに揚がった「本隊は今より地中海に向かう」との信号旗を見て肝をつぶした。

これより先、第二特務艦隊司令官に任命された佐藤皐蔵少将は、海軍大臣、軍令部長について寺内総理大臣を訪れたが、軍服に勲章、帯剣の正装で待っていた首相は、地中海への艦隊派遣に至った経緯について、つぎのように語った。

「今回貴官に艦隊をお任せして、これを地中海に派遣するに至った動機は、日英同盟の情誼のためとか、外国の要求に応じたためとかいった事では無く、主として二つの理由に基づくものである。

第一はドイツが今行ないつつあるような乱暴な戦法をとる以上、正義、人道のため、これを討伐する処置を執ることは、わが国が世界の大国としての責任上、当然なさねばならぬ義務である。第二には、ドイツの潜水艦戦に禍されて、味方の連合国は随分危険に陥っている。同盟国の一員としてこれを見逃す事はできない。すなわちこれを救う事はわが国の義務であると同時に、もしこれを見殺しにして味方が敗れるような事があったなら、わが国としてもせっかく東洋方面で獲得した利益を失うのみならず、戦敗国としての苦をなめることになるかも知れないので、この際、わが国としては袖手傍観するわけにはいかない。それゆえに貴官の率いる艦隊を派遣することになったのである。現在、海軍には適当な駆逐艦が少ないために、今多く出すことはできないが、都合がつけば更に出したいと考えている。どうか充分努力して、国威を発揚するようにしてもらいたい」（桜田久編「日本海軍地中海遠征秘録」）

シンガポールで旗艦の巡洋艦「明石」及び第10駆逐隊四隻と会同して艦隊編成を終えた第二特務艦隊は、三月一一日出発、インド洋を横断してコロンボ、アデン、スエズ運河を経由し、四月一三日に地中海のマルタ島に到着した。当時地中海ではこの月だけで連合国商船九四隻、約二二万トンの商船が失われるような状況だったから、日本艦隊はまさに救世主の到来であった。

そして数日後にマルタ島で開かれた日本、イギリス、フランス、イタリー、ベルギーなど連合国の各艦隊司令官ならびに幕僚会議で、日本の第二特務艦隊司令官佐藤少将は、「日本艦隊は高速駆逐艦で編成されているので、高速の汽船を護衛する事ができる。したがって、第一級の軍隊輸送という最重要任務を引き受けたい」と発言、満場一致で採択されたという。

（前出「日本海軍地中海遠征秘録」）

頼りになる日本駆逐艦部隊の到来とあって早速の出動となったが、その真価を示す時が直ぐにやって来た。部隊到着から三週間経った五月四日、Uボートの放った魚雷で傾いたイギリス軍用船「トランシルバニア」号に、わが駆逐艦「松」と「榊」が敵潜水艦による雷撃の危険を顧みず接舷し、交互に敵潜水艦の制圧に任じながらSOSを聞いて駆けつけたイタリア海軍の駆逐艦など四隻と共に、二九六四名のイギリス陸軍将兵を含む三二六六名の乗船者中約三〇〇〇名を救助したが、このうち二〇〇〇名以上は「松」と「榊」によるものだった。

このニュースはすぐに全世界に伝えられ、日本駆逐艦の勇敢な行動に感動されたイギリス国王ジョージ五世は、駆逐隊司令横地錠二中佐ほか「松」「榊」両艦の士官、下士官二七名に勲章を賜わり、イギリス下院議会では「わが（日本）海軍の協同作戦と功績が報告されると、一瞬、議場は歓呼と拍手の坩堝と化し、一議員は感激のあまり日本語で『バンザイ』と叫ぶと、全員これに和するという前代未聞の光景を呈した」（紀修一郎「日本海軍地中海遠征記」）という。

「トランシルバニア」号の被雷時の第11駆逐隊「松」「榊」の大活躍から三ヵ月も経たない七月二六日夕刻、今度は第10駆逐隊の「梅」と「楠」が、被雷したイギリス商船「ムールタン」号の乗員乗客五四二名全員を救助するという快挙をやってのけ、その巧みな操艦と敏速な行動が賞賛の的になった。

到着早々から目ざましい活躍を重ね、連合国から絶大な信頼を獲得した第二特務艦隊は、その後、第15駆逐隊四隻にイギリス海軍から供与を受けた四隻を加えて一七隻（旗艦は「日進」から「出雲」に変更）に増強され、佐藤司令官が言明したとおり連合国でもっとも重要な軍隊輸送船の直接援護を引き受け、大正七年一一月の休戦までの約一年半の間に護衛回数三四八回、護衛した船舶数七八八隻、輸送兵員七五万人、被雷した船舶から救助した人員約七〇〇〇人、敵潜水艦との交戦三六回、うち五回は戦果確実という成果を挙げた。

このため、輸送船の船長たちの多くが日本駆逐艦の護衛を望み、イギリス海軍士官たちも出張や転任には競って便乗を希望するようになったという。そして一九一七年末には、イギリス議会で日本海軍に対する感謝決議が採択されるという異例の事態まで起きた。

こうして賞賛の声渦巻く中で、第二特務艦隊の絶え間ない活動が続いたが、その出動率たるやフランス、イタリア海軍の四五パーセントはもとより、イギリス海軍の六〇パーセントをも上回る七二パーセントの高率を示し、出動日数も一ヵ月に二五日から二六日、航程は月間六〇〇〇カイリにも達した。

だが、各国海軍の中でずば抜けて高い出動率を維持した彼らの苦労は並大抵ではなかった。濡れた衣服を乾かす暇もなく、休養も十分に取れないまま出動を繰り返し、しかも見えない脅威Uボートに対する絶え間ない緊張と不安に耐えながらの護衛行動は、精神的にも肉体的にも派遣艦隊の隊員たちに極限の忍苦を強いることになった。さらにこれに追い討ちをかけるように、秋から冬にかけての地中海の荒天が彼らを苦しめた。

あまりにも辛い任務の連続に、「なぜ、こんな遠い異境の地までやってきて、これほどの苦労をしなければならないのか」と不満が出ても当然だったが、与えられた任務に対する旺盛な責任感と、日頃から言われていた日英同盟に尽くすことが日本のためになるという意識が彼らを支えた。そして派遣部隊は、立派にその任務を果たしたのである。

彼らの功績はこれに止まらなかった。第一次世界大戦は大正七（一九一八）年秋、ドイツの降伏によって終わったが、大戦終了後の講和会議の最中に第二特務艦隊の艦艇がイギリス、フランス、ベルギー、イタリアなどの諸国を歴訪し、日本が連合国の一員としてヨーロッパまで艦隊を派遣して共に戦っていたことを連合国の諸国民に強く印象付けたばかりでなく、佐藤司令官らは、表敬訪問した各国の国王や元首から、異口同音に「日本艦隊は地中海の守り神だった」との賞賛を受けた。

第二特務艦隊の地中海派遣の成果はさらに続き、「講和会議全権の一人であった駐イタリア大使伊集院彦吉の言葉を借りるならば、日本が『五大国ノ一トシテ重ンゼラレ欧州ノ問題ニマデ容喙（ようかい）シウルニ至ッタノハ……地中海派遣艦隊ガ戦場ノ中心ニ乗リ出シテ悪戦苦闘シタコトガ、最モ預カッテ力アルモノ』であった」（平間洋一「第一次世界大戦と日本海軍―外交と軍事の連接」）ことに帰するようだ。

しかし、第二特務艦隊のこうしたこうした目ざましい功績の陰には、大正六年六月に駆逐艦「榊」が敵潜水艦の魚雷を艦首に受け、艦長上原太一中佐（戦死後、進級）以下五九名の戦死者を出すという惨事があり、それより一年後の大正七年六月、マルタ島のイギリス海軍墓地内に設けられた日本海軍墓地に他の戦病死者も併せて七八名の英霊が祭られた。

この墓地内にある「大日本帝国第二特務艦隊戦没者之墓」と刻まれた堂々たる石碑は第二次大戦中、ナチスドイツ軍による空襲で上部が吹き飛ばされたが、戦後の昭和四九年に修復され、ほとんど訪れる人もないままに、今もマルタの地にひっそりと立っている。

四、大航海の終焉

五月一二日午後四時に掃海艇、「はやせ」「ときわ」の順にペナンの岸壁を離れた派遣部隊は、港外で隊形を整えて第四番目の寄港地スリランカの首都コロンボに向けて、インド洋の西進を開始した。それは、広いインド洋を横断するざっと二四〇〇キロ（一三〇〇カイリ）の航程で、五〇〇トンそこそこの木造船である掃海艇にとってはまさに大航海であったが、心配されたサイクロン（台風）の発生もなく、あたかも部隊の前途を祝福するかのように航海は順調そのものだった。

「インド洋は鏡のようなベタ凪だった。朝、起きると遠い水平線の彼方から真赤な太陽が静かに昇ってくる。反対側を望めば壮大な雲で、その形が見る見る変わってゆく。思わず『すごい。男の海の旅はこうでなくっちゃ』と爽快な気分になる。夜は夜で満天の星が神秘的に輝き、その意味ではすばらしい航海だった」

「さくしま」掃海員長沢谷義男准尉の語るインド洋横断の思い出であるが、ペナン出港の翌一三日夕刻、コロンボ目指して西進する部隊の後方から追ってくる大型機があった。オーストラリア空軍の対潜哨戒機ロッキードＰ３Ｃで、近づくとローパスで部隊にエールを送るＰ３Ｃに対し、こちらも帽子を振って応える和やかな一幕もあった。ところが、翌一四日午後三時半ごろ、今度は見慣れない四発大型機が東方から部隊に近づきローパスした。それはインド海軍が保有しているロシア製の四発ターボプロップ哨戒爆撃機ツポレフＴｕ９５「ベア」で、いったん遠ざかったものの一〇分ほどしてふたたびやってきて、二度目のローパスをして飛び去った。何の目的かその意図は測りかねたが、着陸灯を点けていたところから、恐らく歓送の意味ではないかと解釈された。

珍客「ベア」の到来から五時間後の午後八時二〇分ごろ、今度は海上を航行中の日本船から国際ＶＨＦによる呼びかけがあった。

「日本のフリート（艦隊）とお見受けしたので呼び込みました。Ｋラインのハーキュリー・

ハイウエーです。どうか、頑張って下さい」とのメッセージで、そのあと「安全なる航海を祈る」の交換で終わったが、遠く故国を離れたインド洋上での、海の男たちの心あたたまる出会いであった。

ペナンを出て五日目の五月一六日午後、翌日のコロンボ入港を控えて入港後の補給時間を節約するため、「縦曳き洋上補給法」による真水の洋上補給が実施された。補給は「はやせ」と「ときわ」からそれぞれ二隻の掃海艇に対して行なわれたが、洋上でのこうした作業も二回目とあって、最初の「はやせ」「あわしま」間のエンジン修理部品授受の時よりもスムーズに作業が行なわれ、隊員たちに大きな自信を与えた。

翌五月一七日朝八時少し前、派遣部隊六隻の艦艇はコロンボに入港した。さすがにインドの地はシンガポールやペナンに比べて一段と暑く、三六度の高温と強い陽射しの中で、さっそく補給作業が開始され、作業そのものは順調に終わったが、ここでこれまでになかった問題が発生した。

派遣部隊には医官三名、薬剤官一名のほか衛生員一二名が配属されていたが、彼らがもっとも神経を尖らせていたのが外地で搭載する真水の水質だった。

日本のようにどこの水もきれいでそのまま飲めるということが少ないからで、ペナン以降は真水の搭載時に水質検査を行なうこととし、ペナンではほぼ合格したもののコロンボでは大腸菌反応が出て飲用不可となってしまい、当分の間、「ときわ」が日本から持ってきた水に頼ることになった。

真水から大腸菌検出というトラブルはあったが、その他の食料の搭載や物件の移載などの作業を予定通り終えた派遣部隊は、在スリランカ高田臨時大使や大使館員、在留邦人多数が日の丸の旗を振って見送る中に午後四時半過ぎ、最後の寄港地となるパキスタンのカラチに向け出港した。

「はやせ」を先頭にインドの最南端を回ってアラビア海に入った部隊は、インド西岸数十海里沖合いに沿って西北西に向け航行したが、吹き続ける北西の風で発生した二メートル近いうねりに、掃海艇の揺れがひどくなった。今の自衛艦の多くはヘリコプターの発着艦のとき、フネが揺れないようスタビライザーが使われているが、小さな掃海艇にはそれが無い。そこで波の影響をもろに受けて揺れるので、乗員はきつい目に会う。

風の被害は掃海艇の動揺に止まらず、砂塵による視程障害現象となって現われ、ひどい時で視程は三〜四キロメートルまで落ちた。これはアラビア半島で発生した砂塵が、強い西風に乗って飛んできたもので、艇内のいたるところに積もった砂塵の対策には苦労させられた。

思わぬ風の被害はあったものの航行に支障はなく、二六〇〇キロの航程もあとわずかとなり、明日はいよいよカラチに入港という五月二一日午後三時半ごろ、単縦陣で航行する部隊の後方から急速に近づいて来る機影を「はやせ」のレーダーが捉えた。ほどなく姿を現わしたのを見ると、一週間ほど前にインド洋で見たのと同じインド海軍のTｕ９５「ベア」で、今度は一時間以上も触接を続けて飛び去った。これはもう歓迎というより、明らかな監視飛行と考えられた。

明けて五月二三日午後一時、部隊は「はやせ」を先頭にカラチに入港したが、「はやせ」が、部隊の先駆けとしてカラチ港に入ってゆくと、南岸に広がる海軍施設から派遣部隊指揮官に対し玄関付近で敬礼、在泊艦艇もそれぞれに敬礼し、こちらからも丁寧にそれに応えた。岸壁に着く直前には、正装の連絡幹部二名が乗ったパキスタン海軍の作業艇が近接し、岸壁ではパキスタン海軍軍楽隊が炎天下にもかかわらず、わが艦艇が入港し終わるまで十数曲も演奏を続けるなど、パキスタン海軍の丁重な出迎えは隊員たちを感激させた。

もっとも、これにはパキスタンの首都イスラマバードからやって来た在パキスタン防衛駐在官中村一等陸佐の、周到な事前準備があったからだが、哨戒機を飛ばせて警戒の姿勢を示したインド海軍と、礼を尽くして歓迎してくれたパキスタン海軍と、国内に居ては分からない微妙な国家間のスタンスを感じさせる出来事であった。

入港中、在カラチ今川総領事主催の夕食会が開かれ、招待されたパキスタン艦隊司令官ミール少将はじめ海軍士官約二〇名と派遣部隊各級指揮官、幕僚との間で友好親善の輪を広げるなどすっかり気分を良くしたカラチではあったが、補給を受けた真水の検査で、コロンボに続いて大腸菌が発見されたのは痛く、ペナンあたりから腐りの多くなった生鮮食料品と共に、派遣部隊にとって大きな悩みの種になった。

こうして様々なことがあったカラチではあったが、ここでのもっとも重要な出来事は、日本からの現地調査団に参加した河村雅美二佐等によって、これまでよく分からなかったペルシャ湾の掃海に関する多くの情報がもたらされたことだった。

河村二佐は、派遣部隊が出港してから八日後の五月四日に出発した村中寿雄将補を団長とする防衛庁ペルシャ湾現地調査団九名（うち外務省一名）の一員として加わり、一行より二、三日早く帰国した後、すでにペルシャ湾に向かっていた派遣部隊を追って空路カラチ入りし、ここで待っていたのだ。本来ならこうした現地調査は、派遣部隊の出発前に終えていなければならないものだが、派遣決定の遅れがもたらしたやむをえない策であった。

河村二佐の情報の中でとくに重要だったのは、機雷敷設地帯に入って作業をする掃海艇の磁気チェックで、イギリス海軍がアラブ首長国連邦のドバイ・ラシッド港にその測定装置を持っており、その施設を日本の掃海部隊に無償で使わせてくれるというものだった。

もともと掃海艇は、船体を木造にしたほか、できるだけ磁気を帯びにくい非磁性金属が使われるようになっているが、長い時間同じ方向に走っていると、わずかではあるが使われている磁性金属が地磁気の影響で磁化してしまい、機雷に感応してやられる恐れがある。

だから機雷原に入る前に磁気チェックをして、磁気の量が一定値を超えるようだったら消磁作業をしなければならない。このことからペルシャ湾での最初の寄港地を、はじめに予定していたバーレーンからドバイのアル・ラシッド港に変更した。

これまででもっとも重みのある寄港となったカラチに派遣部隊が別れを告げたのは、到着後まるまる二四時間たった二三日午後一時半（日本時間同日午後五時半）だった。

派遣部隊は、強い西風による大きなうねりに揺られながらも順調な航海を続け、五月二五日深夜にはホルムズ海峡入り口に達し、ペルシャ湾に入った。日本からペルシャ湾まではるばる約一万三〇〇〇キロの大航海も残すところ十分の一ほどになったが、それは同時に刻一刻と〝戦場〟に近づく（へさき）ことを意味する。

各艦艇では舳に見張員を置き、ゴミ袋を浮遊機雷に見立てて発見する訓練や、万一機雷で被害を受けた際の応急訓練などが繰り返し行なわれたが、二六日午前、ホルムズ海峡を抜けた派遣部隊の前方遥かに終着地のドバイの市街がかすんで見えたところで、部隊の各艦艇は船足を止め、明日の入港に備えて港外に錨を下ろした。

各艦艇ではさっそく、航海中に乗員たちが自作した浮遊機雷除けのネットやフェンスの初セッティングにかかり、日没前にそれらを終えると楽しみにしていた〝燃料補給〟にかかった。もちろん、燃料補給といってもフネのではなく人間のであるが、「ときわ」では飛行甲板でバーベキュー、「はやせ」では同じく飛行甲板でカラオケ大会、各掃海艇でも思い思いに趣向を凝らした燃料補給で、長旅の疲れを癒（いや）した。

明けて五月二七日、いよいよ長かった航海に終わりを告げるときがやって来た。ドバイの約五キロ沖合いで一夜を過ごした派遣部隊の各艦艇は錨を揚げ、補給艦「ときわ」を先頭に掃海母艦「はやせ」、掃海艇「ゆりしま」「ひこしま」「あわしま」「さくしま」の順に、各国艦艇の歓迎の中を、アル・ラシッド港に入港して一二～一五番岸壁にそれぞれ舫（もやい）を取った。

ペルシャ湾の入り口に位置するアラブ首長国連邦、略してＵＡＥは、ドバイのほかアブダビ、シャルジャなど七つの首長国で構成された人口約一四〇万人ほどの、北海道とほぼ同じ広さで一九七一年にイギリスから独立した連邦国家だ。宗教はイスラム教のスンニ派で、アラブ人のほかインド人、パキスタン人などが多く住んでいるが、市民権は外国人には与えられない。

本来は砂漠に生きる流浪の民で、定住の地を持たなかったのが二〇世紀初頭に発見された石油のおかげで金持ちの国になり、七人の王様を首長に頂く少数の民族は、周辺諸国からの出稼ぎ者たちの上にしっかり支配層を構築し、有り余るオイルマネーのおかげで、税金も無いという幸せな国になった。

しかもアラブ周辺の石油輸出国で構成されているOPEC機構に加入していないから原油生産は意のままで、石油の九九パーセントを輸入に頼っている日本が、湾岸戦争中もその影響を受けることなくエネルギーを確保できたのはそのおかげであった。

派遣部隊の六隻が接岸したアル・ラシッド港の岸壁には在UAE（アラブ首長国連邦）大使館関係者のほか、取材に奔走する約三〇名ほどの日本及び現地報道陣の姿が見られたが、「イスラムの白い着衣の人たちが大勢いるのを見て、遠く異国の地に来たんだなという思いを強くした」（「はやせ」砲術長岡浩一尉）というのが、多くの派遣隊員たちの偽らざる気持であった。

そのドバイは想像もつかない大都会であり、しかも都市から一歩外に出れば、周囲は大砂漠というのに市内は緑豊かな町であった。

もともとアラブ首長国連邦という国は、気温は三八度Cから五〇度Cという一年中高温で乾燥した砂漠の国で、現地で生産できるのは魚と原油だけだから、その原油を売って得た豊富な石油収入で建設した、海水淡水化施設によって作られた水で育てられたものだ。その淡水化施設も日本の企業によって建設されたものも多く、しかもこの国の原油の七〇パーセントは日本が買っているのであり、日本との関係は浅からぬものがあるのだ。

そんなドバイのアル・ラシッド港に入港した派遣部隊の乗員たちは、休む間もなく磁気チェックに対応して行なう船体各部の消磁の準備や、強烈な太陽の下で作業をするためのテント張りなどに取り掛からなければならなかったが、ここから俄然忙しくなったのは、派遣部隊指揮官落合一佐以下の幹部たちだった。

入港したラシッド港にはアメリカ海軍の巨大空母「ニミッツ」をはじめオランダ海軍掃海艇、イギリス海軍フリゲート艦などが入港していたが、これらの各艦艇からは入港の歓迎と長い航海のねぎらいの意を伝えるため指揮官や士官たちが訪れ、落合以下の幹部も首都アブダビにＵＡＥ海軍司令官を表敬訪問するなど、儀礼的な行事をこなす間にペルシャ湾内での航行上の注意や、湾内の各国艦艇の状況について具体的なブリーフィングを受けるなど、来るべき掃海活動の開始に備えたが、どの海軍も「ネービー・ツー・ネービー」の仲間意識で親切だった。

多国籍海軍との交流及び情報交換の一方では、派遣部隊幕僚と、防衛庁・海上幕僚監部から派遣された現地連絡官三人との間で、今後の作戦や補給活動などについての綿密な打ち合わせが行なわれた。

この現地連絡官とは、先の村中将補以下九人の現地調査団の一員だった河村雅美二佐、防衛庁内局の田中聡部員の二人と寺田康雄二佐で、河村二佐がオペレーション（運用）、寺田二佐が経理、補給などロジスティック、田中部員が対外的あるいは政治的判断を要する問題をそれぞれ担当、外務省出向の二等書記官も兼ねて派遣の全期間、海上で活躍する派遣部隊が円滑に活動できるよう陸上にあって強力にサポートすることになる。

四日後に控えた作戦海域への出動に備え、司令以下の幹部も隊員たちも多忙な時間に追われたが、到着してから三日目の五月二九日、寄港中の最大の山場というべき掃海艇の磁気チェックが実施され、ここではからずも日本掃海部隊の練度の高さを列国海軍に印象づける出来事が起きた。

約二二メートル間隔で水中に並べて置かれた磁気センサーの中間をフネが通過すると、センサーが磁気を感知し、それぞれのセンサーについて磁気の大きさをグラフに取ったものをコンピューター解析すると、そのフネがどのくらいの磁気を持っているかがわかる。それがある数値よりも多ければ、電流を調節して基準値以下にしなければならない。

正確に測定するには海底に設置された磁気センサーの中間の海面を決められた速度で正確に通過しなければならず、これを一隻について六回行なうので、四隻では四×六の二四回行なうことになる。

一回の航走距離は一〇〇〇メートルくらいだが、これまでの各国海軍の例では操艦の不手際からやり直しが多く、一隻の測定に一日から一日半はかかるものとされていた。当然、日本の掃海艇四隻の磁気チェックには最低でも四日はかかるものと見られていたのが、どの艇も一回のミスもなく何と半日で全作業は終わってしまい、その優れた操艦技術は、イギリスをはじめ各国海軍を驚かせた。

「第20掃海隊隊勤務の奥田宗光一尉が陸上の磁気測定所にいて、レーダーの画面を見ながらコースのズレを教えてくれたが、その誘導が良かった。奥田一尉だって神様ではないから、二四回もやれば中には誘導をミスることもあったが、海上の我々もみずからコースを確かめながら走ったのでやり直すようなことは無かった。

私らは淡路島東岸の仮屋にある磁気測定所でいつもやっていた通りにやったまでだが、外国の海軍からすれば驚きだったようだ」（「ゆりしま」艇長、梶岡義則三佐）

なお、ドバイでの磁気チェックで掃海艇誘導の大任を果たした奥田一尉は、このあと連絡士官としてアメリカ海軍掃海部隊に派遣され、旗艦に乗る部隊指揮官ヒューイット大佐の下で日米両掃海部隊の緊密な橋渡し役をつとめることになる。

四日間の滞在期間中に補給や磁気チェックを含む掃海準備、各国海軍との交流など忙しい時間を送ったわが掃海部隊が、いよいよ本番の掃海作業現場に向けて〝出撃〟する日がやって来た。

そしてその日、五月三一日。ドバイのアル・ラシッド港は早朝から深い霧に包まれ、午前八時出港の予定が延びたが、やがて霧も薄れてきたので九時少し前に掃海艇四隻がつぎつぎに後進で出港、最後に掃海艇母艦「はやせ」が岸壁を離れ、港外に出ると針路を北西にとって掃海海面であるMDA-7に向かった。

一方、補給艦「ときわ」とともにドバイに残った派遣部隊の総指揮官落合一佐は六月一日、表敬ならびに対機雷戦作戦会議のため、幕僚五人とともに車でドバイの北西約一八〇キロのアブダビに入港している強襲揚陸艦「ラサール」艦上のアメリカ中東艦隊司令部を訪れた。

「司令官テーラー少将に型どおりの挨拶の後、さっそく、ついては情報を……ということになったが、幕僚が待ってましたとばかりに日本のためにファイルしてくれてあった情報書類を渡してくれた。これには水深、潮、海底の状況、どんな種類の機雷が入っていて、どういう掃海をするのがもっともいいかなど、いわゆる掃海に関することをはじめ、我々が欲しいと思っていた情報が全部まとめて入っていた。

また、我々の担当する海域は、まだどこの海軍も手を付けていない北緯二九度付近の第七機雷危険海域（MDA-7）と決まったが、当時はまだそこに至るまでの経路の途中には浮遊機雷があり、彼らは統計的に浮遊機雷の危険な場所を表示した情報や、浮遊機雷発見の見張り法などのノウハウも提供してくれた」（落合）

落合が経験したアメリカ海軍の好意であるが、実はこれと似たような出来事が、第一次世界大戦の第二特務艦隊地中海派遣の際にも、イギリス海軍との間でもあった。

大正六（一九一七）年四月上旬、地中海のマルタ島に到着したわが艦隊は、来るべき作戦に備えて十数日を整備に費やしたが、その間に艦隊では委員会を組織して機雷の掃海法、潜水艦防御網の敷設法などについて同盟国だったイギリス海軍にレクチャーしてもらい、実地について見学させたり、イギリス駆逐隊司令を招いて護送任務に関する講話を聞かせたりした。

さらに二、三人の士官をイギリス駆逐艦に派遣して護送任務を実習させるなどしたが、イギリス海軍は少しも包み隠すことなく、「将官のみ、あるいは大佐以上でなければ見せない」と定められた秘密文書まで提示して、便宜をはかってくれたという。

第一次大戦のイギリス海軍にも劣らない好意をアメリカ海軍から受けた落合は、翌六月二日、補給艦「ときわ」で、すでにMDA-7に向けドバイを出港していた「はやせ」以下の掃海部隊のあとを追った。

第三章――始まった機雷との戦い

一、最悪の環境で作業開始

五月三一日午前八時五〇分、わが派遣部隊は補給艦「ときわ」と落合指揮官を残してアラブ首長国連邦ドバイのアル・ラシッド港からクウェート沖の担当作業海域に向かったが、強い北西の風に五〇〇トンに満たない木造の掃海艇は右に左に大きく揺さぶられた。

ひと口にペルシャ湾といっても、この湾は広い。長い方で約八五〇キロ、短い方でも約二〇〇キロから三〇〇キロの、ちょうど胃袋を少し引き伸ばしたような形をしている。唯一の外洋への出口であるホルムズ海峡のくびれた形までそっくりだ。

面積で言えば琵琶湖の約三二倍の広いペルシャ湾の東南端にあるアル・ラシッド港から、西の奥に位置するMDA-7の中の掃海現場までは直線距離で約八〇〇キロもあり、一〇ノット（時速一八・五キロ）の低速で、しかも北緯二七度半以北の海域は機雷の脅威が高いので夜間は投錨、昼間のみ航行というパターンを取らざるを得なかったため三日がかりの航程となったが、現場に近づくにつれて憂鬱な現象がつぎつぎに出現しはじめた。

まずイラクが火をつけた二百数十ヵ所のクウェートの油田から舞い上がった煤煙が空を覆い、風向きによっては鼻をつく悪臭と共に黒い雨となって船や人の上に降ってきた。スモッグをより濃密にしたようなこの煤煙のため、朝、太陽はすぐに顔を現わさず、一時間ほどしてようやく煤煙の上に現われる。この強力な煤煙のおかげで気温が例年より一〇度くらい低く、秋のような陽気で、ドバイの日本大使館の人たちの話によると、フセインがくれた低気温という意味で、「サダムの秋」と呼んでいるのだという。

それでも日本では経験できない四〇度の高温であり、晴天で太陽が真上に来る昼前後には五〇度に達する。その上、万一の触雷に備えて日中は完全装備だから、それはもう暑いというより熱いというのが派遣隊員たちの実感であった。

燃える油井からの濃厚な媒煙は人間が作り出したものだが、それ以上に隊員たちを苦しめたのは、自然現象の砂漠から西風に乗って飛んでくる砂塵だった。それは砂というよりはベビーパウダーか砥粉のような微細な粒子で、各艦艇の吸気孔のフィルターを詰まらせるばかりか、レーダーアンテナやクレーンなど機械の回転部分のグリースに混じって故障の原因になる恐れがあった。

水が十分にあれば、その日のうちに水で洗い流し、また油を塗ってということもできるが、人間が使うのも制限しているほど貴重な水とあってそれは出来ない。仕方がないので、機械には良くないが海水でセメントのように固まったのを落としたあと、さっと水で塩を流してまたグリースを塗ってというような、涙ぐましい整備をした。

　こうした給油についての注意が技術幕僚から出される一方、のどや眼に痛みを訴える隊員が出はじめたので、人が吸い込まないよう花粉症用のマスクとゴーグル、目薬などが支給されたが、ただでさえ暑いところでのマスク装着はこたえた。

　飛んできたのは煤煙や砂嵐だけではなかった。イランやイラクの陸地に近いせいか蚊やハエが季節風に乗って大挙フネを襲い、人の肌を刺したり噛みついたりした。ペルシャ湾のハエはたちが悪く、噛まれた部分は赤く腫れ上がって半月くらい傷が治らないのが特徴だった。陸上の環境の悪いところから飛んでくるため、どんな病原菌を持っているか分からないので、上甲板や外にいる時は仕方ないとしても、艦内には絶対に入れないよう出入りの際はハッチを確実に閉めることが励行された。

「ハエ叩きやハエ取り紙を送って欲しいと海幕に頼んだら、そこは海の上なのに何で蚊やハエがいるんだと聞かれた」と掃海幕僚（甲）の石井健之二佐が語っているように、それは現地にいる者にしか分からない特異現象であった。ハエは小さいが頑丈で、一度や二度叩いたくらいではなかなか死なないので、ハエ叩きがたちまち壊れてしまい、紙を貼って修理しながら使わなければならなかった。

　憂鬱な現象はさらに続き、錨地付近では猛毒の海蛇がうようよと泳ぎまわり、毒クラゲが海面いっぱいに漂って、これから先どうなるものかと案じられた。幸い、海蛇、蚊、ハエ、クラゲなどは七月上旬には姿を消したが、燃える油田からの煤煙と砂嵐による被害は、その後も残って隊員たちを苦しめた。それに何より最大の脅威だったのは、いつ現われるか分からない浮遊機雷の存在で、見張りを強化して昼夜を分かたぬ厳重な警戒が必要となった。

湾岸戦争中、イラクがペルシャ湾北部のクウェート沖合いに敷設した大量の機雷の存在が、この海域で行動する多国籍軍艦船にとって重大な脅威になった。これに対してアメリカ軍を主力とする多国籍軍は、一九九一年一月一七日の戦闘開始とともに巡航ミサイルや航空機によって制空及び制海権を確保した上で、対機雷部隊をペルシャ湾北部に進出させ、機雷の処理に着手した結果、二週間後の一月三〇日にアメリカ海軍は、この海域での機雷の脅威は取り除かれたと発表した。

そこでアメリカの戦艦部隊が進出して、二月初めにはクウェート南部のイラク軍への艦砲射撃を開始、機雷の除去が順調に進んでいたかに思われた二月一八日、アメリカ海軍の強襲揚陸艦「トリポリ」とイージス巡洋艦「プリンストン」が相次いで被雷する惨事が発生した。「トリポリ」は係維機雷に接触して右艦首水平線付近に大穴があき、「プリンストン」は感応式の沈底機雷で右艦首と左艦尾を同時にやられ、キールが曲がって戦列を離れることとなったが、はからずもこれが多国籍軍の海上兵力がイラク軍から蒙(こうむ)った唯一の損害となった。

戦争が終わった後、イラクはペルシャ湾に敷設した機雷の数を約一二〇〇個と発表したが、その大部分はそのまま生きて残ったので、二月二八日の戦闘停止直後からさっそく、アメリカ、イギリス、ベルギー及びサウジアラビアの四ヵ国海軍掃海部隊による掃海作業が開始された。

この後、フランス、イタリア、オランダ、そしてドイツの四ヵ国も加わり、日本の掃海部隊が出発する四月末には、これら八ヵ国の多国籍海軍による掃海作業が順調に進み、「わが掃海部隊が到着するころには終わってしまうのではないか」と皮肉る国内のマスメディアすらあったが、それは杞憂に過ぎなかった。技術的にも、政治的にも難しい、多国籍部隊が避けたペルシャ湾の奥のクウェート沖海面が、約一二〇〇個と見積もられる機雷と共に残されていたのだ。

だから、日本の掃海部隊が掃海作業を開始した六月五日付のアラブ首長国連邦「ガルフ・ニュース」紙上で、アメリカ中東艦隊司令官テーラー少将は、「最後の機雷一〇〇個の処理が最大の難関で、日本の海上自衛隊掃海部隊に期待するところがきわめ大きい」とのコメントを発表している。

平穏だったペルシャ湾に入るまでの航海からすると、比較にならない危険でかつ劣悪な環境の海域に入った掃海母艦「はやせ」と四隻の掃海艇は、四日午後二時少し前、クウェートの東方沖約一〇〇キロの掃海作業海面付近に到着、現地で作業中のアメリカ海軍部隊と調整をすませた後、五日正午過ぎから第14掃海隊司令森田二佐の指揮下、幅約一五キロ、長さ約四〇キロのMDA-7での掃海作業を開始した。

近くには小型空母のようなシルエットのアメリカ海軍強襲揚力艦「トリポリ」（触雷によ

る破孔を応急修理して戦列に復帰）がいたが、その「トリポリ」から飛び立った大型ヘリコプターによってすでに午前中、前駆掃海を終えた上での確認掃海であった。

機雷には大ざっぱに分けて、炸薬と発火機構が入った機雷缶が海底に置かれた係維器からのワイヤーで一定の深度に浮かび、その機雷缶のセンサーにあたる角にフネがぶつかると爆発する係維機雷と、海底に横たわってフネが近づくと、そのフネが発する音や磁気に反応して爆発する沈底機雷の二種がある。

そしてその処分には、機雷のワイヤーなどを切断するカッターを取り付けた掃海索を引っ張って係維機雷のワイヤーを切断し、海面に浮かんだ機雷缶を機関砲などで射撃処分する係維掃海と、強力な磁場やフネに擬した雑音を発生する感応掃海具によって、沈底機雷などの発火回路を作動させて爆発させる感応掃海などがあるが、ＭＤＡ-７での掃海作業は、感応掃海によって開始された。

掃海作業は広い海面を縦方向に細長く区切り、掃海艇が艇尾から下ろした音響・磁気機雷処分用の複合掃海具を曳きながら、約六ノット（時速一一キロ）の低速で航行衛星を頼りに決められた一〇〇ヤード幅の海面を行き来し、端のほうから少しずつ削り取るように安全海面を広げて行く根気のいる作業だ。

しかも作業は日の出と同時に始めるため、それに間に合うよう早朝四時半には総員起こし。日没になって作業を止め、重い掃海具を片付けて安全海面に帰ってくるのが午後の九時半ごろ。錨を下ろしたり防雷ネットを張ったりして、それから食事、入浴だから寝るのは十一時過ぎ。補給艦「ときわ」や母艦「はやせ」からの燃料及び真水の補給があるときなどは、早く終わっても寝るのは午前一時を過ぎてしまう。それで朝はまた四時半起床と、まさに超人的な日課の繰り返しとなった。

「朝起きるといきなり三三度（C）。作業現場に行くと四〇度を越え、ときには五〇度近くになることもあった。その暑さにもすぐ慣れたが、危険海域から出て食事をするときもヘルメットくらいは取るが、あとの装具は身につけたままだから、下着なんか汗まみれでぐしゃぐしゃになった。シャツなどはできるだけ洗濯しなくてもいいように五〇着くらい持っていったが、たまに洗濯するときなんかは洗濯機の取り合いで大変だった。待ちきれず、『いつまでもたもたしてんじゃねえよ！』なんて言い合ったのも懐かしい話」

　掃海艇「さくしま」掃海員長沢谷義男准尉の思い出であるが、そんな作業を一週間のうち五日半繰り返し、残り一日半を整備や休養に当てるというスケジュールを、隊員たちは不平も言わずに淡々とこなしていった。さらに沢谷の回想。

「我々は普段もっと厳しい訓練をやって来た。ぐっすり寝込んだ真夜中の二時ごろ、アラームがカンカンなる。夜間訓練開始の合図だった。そしてどんなに天候の悪い暗夜でも整斉と作業がこなせるプロになった。今度は訓練ではなく生きた機雷が相手の〝実戦〟だから緊張度は遥かに高かったが、夜がない分、訓練より楽だった。それに慣れたせいで、昼間作業をやっているときは怖（こわ）いなんて思わなかったが、夕方作業を終えて安全海面に出てヘルメットや装具を取ったとき、今日も無事終わってよかった、としみじみ思った」

掃海部隊が作業現場に到着して、地味で根気のいる、その上に万が一の触雷という絶え間のない危険のともなう作業を開始してから八日目の六月一三日、日本からの取材記者団を乗せた補給艦「ときわ」が現場海域近くに到着、記者たちはさっそく掃海艇に乗り込んで作業を取材したが、その後、現場近くの海上に停泊する「ときわ」艦上で記者会見が開かれた。

席上、派遣部隊指揮官の落合は、「現在、もっとも基本的で確実な、絶対に危険のない手順どおりの方法で作業を行なっている。手ごたえは得ており、任務達成に自信を持っている」と語ると共に、今度の掃海作業を『湾岸の夜明け作戦』と呼ぶことを明らかにした。翌日の国内新聞各紙が一斉にこれを報じたことはいうまでもないが、落合は沖縄地方連絡部、海幕募集班長、長崎地方連絡部など隊員募集業務を歴任した経験から、広報活動の大切さを熟知していた。

「落合さんは広報活動を重視し、外国の港に入るたびによく記者会見を開いたが、そんなとき、語学幕僚の前田嘉則三佐のほかに海幕の広報勤務経験がある広報幕僚の土肥修三佐をかならず列席させた。そんな幕僚まで連れて行くのはぜいたくだなんていう声もあったけれども……」

司令部の一員として傍(そば)にいることの多かった掃海幕僚（甲）石井健之二佐の落合評だが、派遣部隊指揮官として落合がもっとも心を砕いたのは、隊員たちの心身の健康についてであった。

掃海作業は磁気・音響による感応式複合掃海から始められたが、日本掃海部隊にとってそれは不安の多いスタートだった。

どんな機雷が入っているか、おおよその情報は得て得ているものの、ソ連製の沈底機雷UDMや係維機雷LUGM145が果たしてどんなものか初見参であり、ましてまだ正体のはっきりしていないイタリア製の感応式沈底機雷マンタの存在も不気味だった。そのうえ厄介なことに、アメリカ空母艦載機が爆撃の帰りに捨てていった予備の爆弾が不発のまま海底に沢山転がっているという。

これらの不発弾は、機雷のようにフネの発する磁気や音響で爆発はしないが、錨を下ろしたとき、万一その爆弾に当たったら爆発の恐れがある。そんな弾まで入れるとソーナー（音波探知機）に映る形は多種多様で、とても見切れない。そこで最初は、磁気音響掃海具を引っ張っての複合掃海から入ったが、それは「さくしま」掃海員長沢谷准尉が語るように、目に見えないストレスとなって隊員たちの心と体を蝕みつつあった。

それを見破って、早めに対策を打つのも派遣部隊指揮官にとっての重要な責務であり、落合はこのことについて首席幕僚の宮下一佐と幾度となく相談したが、その一つに隊員たちの食べ物の嗜好調査があった。

一番若い隊員が一八歳、最年長が落合指揮官の五二歳で、平均年齢三二・五歳の比較的若い年齢の集団である派遣部隊隊員の好む食べ物の中で、もっとも希望が多かったのはビフテキだった。

しかし、それも内地を出港してしばらくの間で、フィリピンのスービックに入港するころには見向きもしなくなり、掃海作業に入ってからまた嗜好調査をやってみたところ、ほうれん草のおひたしとかアジの開き、冷やっこといった日本風のあっさりした食事を欲しがるように変わった。そのことはあらかじめ予想されたので、補給艦の「ときわ」に頼んでさっぱりした嗜好の食糧も沢山用意していった。

掃海艇は、夜に入って作業現場から戻ってくる。それから掃海母艦「はやせ」に横付けして真水、燃料、食料などをもらうが、その間に落合は各掃海艇の艇内を回り、若い隊員の顔色を見る。本当に疲れていると、問いかけても下を向いて元気がないから顔色でそれと分かる。すぐ烹炊（調理）員長のところに行って聞く。

「どうだ、みんな飯を良く食っとるか？」

「いや、あまり食欲ないようです。ご覧のようにだんだん残飯が増えています」

そんなところから、元気で体調のいい時は残飯があまり出ない。すなわち「残飯は健康管理のバロメーターであることも、ペルシャ湾で学んだことの一つ」だったと落合は語るが、似たような話は太平洋戦争中にもあった。

作戦行動を終えて内地に帰還した潜水艦乗員の憔悴ぶりがひどいため、しばらく海軍の保養施設に入れて回復させてから帰郷させたといわれるが、その原因が日を追うにつれて作業が厳しさを加えるのに反して、淡白なものを好むようになる食習慣にあった。日本人の食生活の西欧化がいわれる現代であるが、長年にわたって染みついた民族の食の嗜好というものは、そう簡単には変わらないもののようだ。

悩みは食だけではなく、住の窮屈さにもあった。護衛艦のように大きければまだしも、何しろ掃海艇は小さくて狭い。五〇〇トンに満たない艇内に四五名もの乗員が乗っており、一つの居住区に三段ベッドで一〇人くらいが寝起きしている。四六時中顔を合わせているので、家に帰って一杯やってとか、一人でプライバシーの時間を楽しむといった発散の場所がない。おまけに体力の有り余った男ばかりの集団ときている。気が荒くなっても不思議はない。

だから、「ケガをしないこと、ケンカをしないこと、できれば病気をしないなどを心がけた。この三点さえしっかり守っていけば、後は司令や幹部がうまくやってくれるだろうと思っていた」（前出沢谷准尉）といっているが、掃海作業の前段が始まって約二週間たった六月一八日、補給のためドバイから二度目の掃海現場への進出を果たした補給艦「ときわ」の両角良彦艦長は、掃海艇乗員たちの疲労が限界に近いことを案じる落合指揮官の言葉を聞かされたという。

しかし、努力する者は報われる。そんな派遣部隊員たちの心身の疲労を一挙に吹き飛ばす快挙が、その二日後にやってきた。

二、感動！　機雷処分第一号

補給艦「ときわ」が二度目に掃海現場にやって来る前日、六月一七日の時点で部隊はMDA-7担当海域の約七〇パーセントの掃海作業を終えていた。この間に掃海具が発する磁気や音響に感応して破裂した機雷はなかったものの、一七日にソーナーによる機雷探知に切り替えたところ、「ひこしま」が機雷らしき三個の映像を探知した。

この機雷を複合掃海から積極的な機雷掃討戦へ移行する転機にしたいと考えた森田二佐は、落合に頼んで整備、休養日だった一七、一八両日をはさんだ六月一九日を、晴れの機雷処分第一号の日とした。そして四隻の掃海艇艇長たちがひそかに望んでいたこの栄えある任務の遂行には、最初に機雷を発見した新野浩行艇長の掃海艇「ひこしま」が選ばれたが、実はこの機雷処分の方法について直前に大きな方針の変更があり、前夜まで命ずる側とそれを実行するEOD（ダイバー、水中処分員）たちとの間で真剣なやり取りが交わされた。

日本の海上自衛隊も含め九ヵ国の掃海部隊では、作戦を円滑に進めるためにしばしば指揮官たちによる会議を開いていたが、六月一七日の会議を終えて「はやせ」に帰艦した落合司令は、午後四時から掃海隊司令の森田二佐以下、各指揮官及び幕僚を集めて作戦会議を開いた。この席上、落合は重要な発言をした。

「すでに機雷探知機（ソーナー）で探知した機雷らしい目標について、一九日から開始する掃討戦では、エポール（S-4に装着した水中テレビカメラの試作品）とEODによる確認潜水をする。確認した機雷の処分については、その種類、敷設状況、作業の難易度などを判断して最適の方法を適用する」

きわめて明快な指示であったが、そう語る落合の心中には複雑なものがあった。なぜなら、各国指揮官たちとの今日の会議では、処理した機雷に関して単に数だけでなく、その種類やそれぞれの処理方法についての具体的な報告があったが、日本を出て全部隊が会同した奄美大島笠利湾での最初の会議以来、落合がずっと言い続けてきた「作業は安全第一、そのためには危険をともなうEODによる潜水作業の必要があるときは、かならず俺の許可を取れ」という、基本的な作業方針に疑念を抱かざるを得ない現実を知らされたからだった。

これまで海上自衛隊でやって来た訓練は係維掃海が主で、前述のように係維掃海具を引っ張ってワイヤーを切断し、海面に浮いてきた機雷缶を二〇ミリ機関砲で射撃処分するという方法が主体だったが、このやり方だと機雷缶に穴があき、爆発しないで沈んでしまう恐れがあった。

この場合、水深が深ければ放って置いても問題はないが、今作業をやっている海域は水深が三〇メートルくらいしかなく、海底の浅いところだと大きな船では爆発する恐れがあったし、もうこの頃になると盛んに操業している現地の漁船が網に引っ掛ける危険もあった。

このため、爆発しないで沈んだ機雷は、改めてEODが潜って処分しなければならず、二重三重の手間がかかることになるので、落合にとって頭の痛い問題だった。

ところが、聞いていると外国の海軍では、係維機雷を発見するとすぐにフロッグマン（EOD、ダイバー）を入れ、直接爆薬を仕掛けて処分する方法を採っていた。それに加え、武器情報を取るために場合によっては爆破することなく安全化して引き上げて欲しいというアメリカ海軍からの要望などもあり、危険を避けてEODを機雷に近づけないなどという考えがいかに甘く、国際的に通用しないものであることを痛感させられる結果となった。

もちろん各国海軍でも機雷処分具は使っていたが、それには処分具の目ともいうべきテレビカメラがついており、その映像を見ながら機雷の識別をし、正確な処分を行なっていた。これに対して海上自衛隊の機雷処分具S-4にはテレビカメラがついていないので、正確な機雷の識別にはどうしても人が潜って確認する必要があった。

早くからこのことに気付いていた落合は、さるメーカーで試作中の水中テレビカメラ「エポール」が掃海部隊の出港に辛うじて間に合ったので、それに期待するところが大きかった。しかし、試作品だけに乗員になじまず、湾とは言いながら外洋と同じ条件の厳しいペルシャ湾の海中での使用には向かないところから、確認作業だけでもかならずEODによる潜水が必要となった。つまり装備の遅れがこうした事態を招いたのだが、このことは落合にとってきわめて重要な意味があった。

確かに、掃海部隊のペルシャ湾派遣の国内向けの大義名分としては、現地での停戦が実現したのだから戦争に行くのではなく、平穏な海を取り戻すための平和目的の任務につくということになるが、掃海の任務につく者の側からすればいささか違う。

もうミサイルも飛んでこないし、人も鉄砲を撃たなくなった。その意味ではまさに戦争は終わったと言えるが、機雷は戦争を止めておらず、依然としてその恐るべき破壊力を保持したままひそかに獲物の近寄るのを待ち受けているのだ。したがって、その危険な機雷と戦う掃海屋にとっては、戦場に赴くのも同然であり、当然ながら戦闘にともなう被害を想定しなければならない。

戦後、アメリカから入ってきた損害査定の手法に従えば、日本防衛のために日本近海で掃海するにしても三〜五パーセントの損害が想定されるが、掃海屋にとっては機雷との戦いであるにしても、他の世界からすれば戦争ではないから被害をゼロに抑えることが望ましい。そのためにはできる限り人を水中に入れないようにしたいが、その前提がかならずしも通用しなくなった苦悩を、落合は背負うことになった。

それは、実行部隊の先任指揮官である第14掃海隊司令森田二佐にしても同じで、作業の前提条件が崩れた以上、「許容危険度を上げて欲しい。そうでなければEODを機雷に近づけることは出来ない」と落合に迫ったが、落合は聞き入れない。そもそも許容危険度には、つぎの三段階があった。

ディレクティブA、　時間はかかっても掃海艇と人命の安全を優先する。

同　　　　B、　ある程度リスクを負っても早くやる。

同　　　　C、　さらにリスクは大きくなるが、時間を早める。

この中で派遣部隊が防衛庁長官から与えられていたのは、時間は幾らかけてもいいからディレクティブAでやりなさいという命令で、仮に許容危険度をAからBに上げるとすれば命令違反となる。その辺りの事情は森田も良く分かるだけに、それ以上強くは言えなかったが、このままでは直接機雷と対峙することになるEODたちへの説得が難しいと思った森田は、翌日、実際に潜って自分の目で海中の様子を確かめることにした。森田は海上自衛隊のEO

D資格は無かったが、民間のダイバー資格は持っていた。

「司令、それはやめて下さい」

当然ながら制止の声があがったが、「どんな様子か確認のために潜るんだ。安全なところでやるから」と言って水中に入った。

「潜って行ったら、さっそく厚いヘドロ層に足を取られた。視界が悪く、ライトを近づけてやっと時計の針が読めた。満ち潮の時は外洋からのきれいな水が入ってくるので、少し視界は良くなったが」（森田）

落合指揮官主催の作戦会議の後、場所を司令部用作戦室に移し、掃海幕僚、司令部ＥＯＤ班長、各掃海艇処分士、司令部及び各掃海艇マスターダイバー（ＥＯＤの先任者）ら掃海実務者たちによる機雷処分の研究会が開かれたが、具体的な処分法に関する結論は、翌日の各艇長とその艇のＥＯＤとの話し合いに持ち越された。

そして、明日からいよいよ機雷掃討戦に入るという六月一八日夜、各艇では機雷処分法について艇長からの説明があったが、当然ながら栄（は）えある明日の処分第一号を任（まか）されることになった掃海艇「ひこしま」でも、白熱する真剣な議論が交わされた。

狭い掃海艇とあって話し合いは食堂で行なわれたが、艇長の新野浩行一尉（七月一日、三佐に昇任）が「明日からは掃海具による掃海を止めて、機雷掃討に移行する。ソーナーで探知した目標に対してはＥＯＤが潜って機雷の機種を確認し、状況によっては爆破作業もＥＯ

Dによって行なう」と言ったところから、狭い食堂内が騒然となった。

掃海部隊では硫黄島で毎年、実機雷による爆破訓練をやっているが、爆破とともにものすごい水柱が上がり、もし自分のフネがやられたら木っ端みじんになるだろうと、機雷の恐怖をまざまざと感じさせられる。この場合、様子の分かっている機雷を自分たちで敷設して処分するのだからまだいいが、ペルシャ湾で対する相手はよく分からないところが不気味だったのである。

「艇長、我々はまだ敷設された機雷がどんなものであるか、実物を見たことがない。そんな正体の知れない機雷に対して、なぜ我々を潜らせるのか?」

「これまでは安全第一だから、絶対に許可なく潜ってはいけないと言っていたではないか」

口々に言い寄るEODたちに対して、「これまで磁気・音響掃海具で何十回となく掃海をやっても反応しなかったのだから安全」と言って、新野艇長は絶対に自説を変えようとしない。正体不明の機雷に対して初挑戦をしようというEOD隊員たちにしてみれば、「命令だからやる」というのではなく、機雷処理のプロとして納得の上で作業に臨みたいし、日本掃海部隊の名誉にかけても処理第一号は絶対に成功させたかったからだ。

「ひこしま」には処分士末永貢三尉のほか、坂本源一一曹（マスターオブダイバー、潜水員長）、山中健一一曹、松川秀樹三曹の四人のEODがいたが、彼らと新野艇長とのやり取りを聞いていた第14掃海隊隊勤務の萩原文蔵一尉（のち「さくしま」艇長）は、すぐ近くにいた森田司令のところに行って様子を話し、司令からも説得してもらうよう頼んだ。

森田は発見された機雷が安全だとする根拠を丁寧に説明し、最後に、「機雷を見たら絶対に触るな。その形とどんな状態になっているかを確認して帰って来ればよろしい」と付け加えた。そのあと新野が一人一人呼んで話し、ようやく全員が潜ることを納得して記念すべき初の機雷処理の日を迎えた。

その六月一九日朝七時少し前、錨地を出発した掃海部隊は約二〇分後、クウェート沖のMDA-7の作業境界線に到着、各艇はソーナーを使った念入りな海中捜索を開始した。〇七三八（午前七時三八分、以下同じ）「ひこしま」のソーナーが海底に潜む金属物体を探知。〇八一〇、確認のため処分士の末永三尉と潜水員長の坂本一曹が潜って目標がソ連製の沈底式（海底に置かれた）で、フネが発する磁気または音響に反応して爆発する感応機雷UDMであることを確認した。「ひこしま」艇上で現場の総指揮を取る森田は、つねづね落合から言われていた安全第一の方針に沿って、リモコン式の無人機雷処分具S-4を使うよう命じた。

一方、掃海母艦「はやせ」の司令部CIC（作戦情報中枢）区画では、派遣部隊指揮官落合一佐と宮下英久一佐以下の司令部幕僚たちが、刻々と変化する状況に対して的確な指示を下し、一体となった部隊の作業はスムーズに進行した。

ほどなく「ひこしま」から海中の機雷に向けて遠隔操作のS-4が発進し、〇九一〇、付近の航行船舶に機雷爆発による危険回避のための無線による警報が発せられた。

S-4、すなわち無人有線式潜水艇による機雷爆破は、精密なコントロールによって機雷の一メートル以内の距離に処分用爆雷を投下し、あらかじめセットされたタイマーで爆破する。このタイマーは、爆雷投下後S-4を収容した掃海艇が、機雷が爆発しても安全な距離まで離れられるだけの時間的余裕を見込んで調定される。

〇九三一、機雷の位置に到達したS-4から処分用爆雷が投下され、掃海幕僚の藤田民雄二佐が「発火予定時刻一〇〇一!」と予令し、落合司令にも報告した。戻ってきたS-4を収容した「ひこしま」は急いで現場を離れ、爆破予定地点から約四〇〇メートル離れて待機した。調定時間は三〇分。この間に艇長新野三佐の脳裏には、様々な感慨が去来した。

「六月五日に四隻揃って掃海作業を開始して以来、『わが艇が最初に機雷を発見し、最初に処分を』とひそかに願っていた。それが今、実現しつつあるのだが、果たして処分が成功するかどうか不安だった。

S-4での処分は、処分用爆雷が正確に目標の至近距離に投下されないと成功しないし、この付近は潮の流れが速いのでそれが心配だ。それに、もし処分用爆雷が発火しなかったらどうする。作業を休んだ二日間に念入りにリハーサルしたが、もしこの一発目の処分が失敗したら、派遣部隊の今後の士気にも重大な影響を与えることになる。そんなことを考えていたので、たちまち時間が過ぎた」(新野)

各艦艇の上から見守る乗員たちも、爆破数分前ごろから処分の成功を期待し、皆一様に無口になる。

「発火一分前！」「発火三〇秒前！」。スピーカーから冷静な掃海幕僚藤田二佐の声が流れ、やがて最後の秒読みに入った。「二〇、九、八……二、一、発火！」

その瞬間、水中から二度にわたって腹にひびくような爆発音が伝わり、海面が泡立った。「スローモーションビデオでも見るように、ゆっくりと水柱が上がって来た。高さ、幅とも約五〇メートルに達する、高くて形もいいみごとな水柱だった」（新野）

この瞬間を待ち望んでいた各艦艇から歓声が上がり、「ひこしま」から「発火成功。機雷は殉爆したものと思われる」との報告があり、一〇二五に行なわれた爆破後の調査のための潜水によって、目標が完全に爆破処分されたことが確認された。

この後、各掃海艇はいったん危険区域の外に出て錨地に戻り、新野「ひこしま」艇長から落合指揮官に対し、爆破処分成功が正式に報告されたが、そのとき、それまでの緊張と高揚から解放された新野の胸に、「ようやく喜びが沸いてきた」という。

四隻の掃海艇は、順に「ときわ」に横付けして補給を受けた後、午後からも引き続き機雷掃討作業を行ない、一五三八には早くも「ひこしま」によって二発目の沈底機雷ＵＤＭの処分が行なわれた。

「東寄りの風一メートル、視界五キロメートル、煤煙、最高気温四〇度。風弱く蒸し暑いペルシャ湾の一日であったが、五一一名の隊員たちにとっては、一生忘れられない、心地よい一日であった」

隊内新聞「たおさタイムズ」六月二〇日号はそう伝えているが、この初の機雷処分成功に対し、この日の夕方、派遣部隊指揮官落合一佐から全隊員に対し、メッセージが発せられた。「平成三年六月一九日一〇〇一は、海上自衛隊にとって〝歴史的な時刻〟となった。総員の心に深く刻まれたものと思う。

我々の任務は今、まさに花開く糸口を摑んだ。

各員の一層の奮励と努力を期待する」

胸踊るような落合司令のメッセージであるが、後日、海上幕僚長佐久間一海将からも祝福と激励の言葉が寄せられ、作業開始からちょうど二週間たって出始めた隊員たちの心身の疲れも吹き飛び、士気は一挙に高まった。

三、「ひこしま」に続け

六月一九日の「ひこしま」による二発の機雷処分成功は、単調で根気のいる、それでいてつねに危険と背中あわせの機雷との戦いに明け暮れる掃海部隊の隊員たちをよみがえらせた。

つぎはわが艇とばかり、「ひこしま」以外の三隻の乗員たちも奮い立ち、機雷掃討開始二日目の六月二〇日には、作業開始早々「さくしま」「ゆりしま」の二隻が相次いで機雷を発見し、〇九五四「さくしま」が、一〇五七「ゆりしま」がそれぞれ第三号と第四号にあたる機雷処分に成功し、一一五一には「ひこしま」が早くも単独では三発目にあたる第五号を達成した。

このうち処分第三号となる「さくしま」が見つけた機雷は、「さくしま」ＥＯＤ員長田遑秀夫一曹が行なった確認潜水により、ソ連製ＬＵＧＭ１４５という係維機雷で、正常であれば機雷缶が海底の係維器（アンカー）から伸びたワイヤーでつながれて一定の深さの海中に浮いているところだが、機雷缶が腐食のため浮力を失って海底に横たわっていることが分かった。

「さくしま」の田村博義艇長は、この機雷が艦船の接触によって爆発する触発式で、センサーとなっている機雷缶から出た触角を折らない限り爆発の恐れがなく、危険が少ないと判断されたところから、もっとも確実なEODによる処分を、森田司令を経て落合指揮官に上申して認められた。

この決定により「さくしま」の艇内はにわかに動き出し、しばらくすると四人のEODを乗せたゴムボートの処分艇が、確認潜水の際に設置した目印のブイに向けて発進した。

無線で誘導された処分艇がブイに到着すると、「さくしま」処分士渡邊明洋二尉（七月一日に一尉に昇任）とEOD員の金井通男二曹の二人は、機雷処分用の爆薬C-4を持って潜水を開始した。やがて海底に到達し、そこからは海底を這って行く。

海水は濁り、視界は悪い。危険は少ないとはいえ、生きた機雷に、それも初めて対する相手に近づいて行くのだ。重い緊張感が二人を襲う。やがて濁った海水の向こうに海底に横たわる機雷缶を発見。慎重に近寄って行き、重さ二キロの処分用爆薬を仕掛けた。

ゴムボートから水中に入ったEODの頭が見えなくなってからの艇上には、緊張した空気がみなぎった。機雷にたどり着いて爆薬を仕掛けたEODが浮上して来るまでの待ち時間が、たまらなく長く感じられる。

「おかげで三年間も止めていた煙草を、また吸うようになってしまった」

現場でこの爆破作業全般を指揮する立場にあった森田司令の回想であるが、やがてEOD二人の頭が水面に現われ、作業の成功が確認されたところでひとまずホッとする。ここでEODが導火線に点火、同時に発火予定時刻が予令されて期待の秒読みに入る。そして六月二〇日〇九五四、「さくしま」の、かつEODによる処分第一号、派遣部隊としては第三号となる機雷の処分が達成された。

「かねてから硫黄島での実機雷処分訓練で積み重ねてきたEODによる処分要領を、実戦で試してみたいという希望を持っていた。たまたま探知した機雷が確認潜水の結果係維機雷の機雷缶で、EODによる処分の条件を満たしていたため派遣部隊指揮官に上申、承認されて実現した。結果的に以後の係維機雷処分にもっとも多く使われたEOD処分の記念すべき第一号となったが、このことは部下EOD員はもとより、『さくしま』乗員およびEODの一人でもあった私の大きな誇りだ」

田村博義「さくしま」艇長はそう語るが、これからざっと一時間後の一〇五七、「さくしま」の第一号に続いて、今度は「ゆりしま」が第一号の機雷処分に成功した。

「ゆりしま」の初処分機雷は前日「ひこしま」が相次いで処分したソ連製の沈底式感応機雷UDMであったが、この成功にはある伏線があった。

それは、作戦が掃海具を曳いての機雷掃海から機雷掃討に変更された六月一七日のことだ。

この日午前、「ゆりしま」は担当した海域で機雷らしき物体を一個も発見できなかったのに、「ひこしま」が三個も発見したことで、「ゆりしま」艇長の梶岡義則一尉（七月一日三佐に昇任）は自信を失い、かつ悩んだ。

そもそも「ゆりしま」は、前年度の第1掃海隊群の術科競技「掃海、掃討」の部門で一位、総合成績も一位を取った。その実績から、ペルシャ湾への掃海艇派遣が決まったとき、派遣されてもかなりの成果をあげられると思い、自信もあった。それが現地にやって来ての機雷探知で、「ひこしま」との差をはっきりと見せつけられたのだ。

しかし、本来どこにあるのか分からない機雷の探知は、探知しないのはそこに機雷が無いことの反証でもある。したがって、かならずしも探知能力の優劣を示すものではなく、掃海する側にとってはむしろ安全であることを示す好ましいサインでもあるのだが、掃海の当事者ともなると、そう簡単には納得できない。他艇がどんどん探知しているのを見ては、心中おだやかでいられないのが現場で作業する掃海艇の艇長であり、乗員たちであるのだ。

「このまま探知できず、機雷を処分できなかったとしたら、派遣部隊に貢献できないばかりか、はるばるペルシャ湾まで一体、何しにやって来たのかということになってしまう」

そんな不安を打ち消すべく、梶岡は機雷捜索に直接かかわる船務長、電測員、探知機員たちを「ひこしま」に出向かせ、各段階での「ひこしま」と「ゆりしま」の捜索要領をくらべ、もし学ぶべき点があれば、明後日から始まる掃討作業に取り入れることにしたが、報告を聞いた限りではどちらも基本に忠実に作業しており、特に違いは見当たらなかった。しかし、森田司令と新野「ひこしま」艇長の話を聞いて、「ゆりしま」が探知できない要因が分かった。

それはペルシャ湾の水温が高いせいもあって、風や波、潮の流れの方向や潮流の速さなどといった、いわば自然条件がソーナーによる探知に大きく影響するらしいということだった。潮流が速いペルシャ湾では、ソーナーの音波が潮の流れにさえぎられて機雷まで届きにくいが、潮の上に乗ると音波が先に伸びて探知し易くなる。と同時にフネも流されて機雷に近づき過ぎ、磁気か音響の感応機雷にやられる恐れがある。

それを防ぐには、潮の流れに対して横から入ってゆく。潮の流れは二ノットから三ノットあるので、機雷に近過ぎないようホバリングして、フネを一点にとどめながらソーナーの音波を出すのだが、操艦をする者とソーナーマンの呼吸が合わないとうまく探知できない。

つまり、「ひこしま」は、この自然条件の影響にいち早く気づき、それへの対応に成功したことが早い探知につながったのだ。

この研究の成果は、さっそく現われた。本格機雷掃討に移って二日目の六月二〇日、作業開始間もなく「さくしま」に続いて機雷探知に成功し、さっそくゴムボートで出動した処分士藤本昌俊二尉以下のＥＯＤによる確認潜水の結果、前日「ひこしま」が処分した第一号、第二号と同じ沈底式のＵＤＭと分かり、一〇五七無人処分具Ｓ-４による爆破に成功した。

なお「ひこしま」の探知ノウハウは、森田司令を通じて他の艇にも伝えられ、二日目以降の成果につながった。

「ひこしま」の快走は続いた。二日目の「ゆりしま」の初処理成功から五四分後の一一五一、さらに三日目の一〇四六に、早くも「ひこしま」としてそれぞれ三発目、四発目となる処分に成功した。

この「ひこしま」の快調に負けじと、二〇日にそれぞれ初処分を果たした「さくしま」と「ゆりしま」も、翌二一日にはそれぞれ二発目を処分し、あたかも機雷処分競争開始の観を呈したが、この競争からただ一隻取り残されたのが四隻の掃海艇の中で一番若い艇長桂真彦一尉の「あわしま」で、この艇だけが本格的な機雷掃討が開始されてから六日たった六月二四日になっても、一個も探知できなかった。

といって、探知がまったくないわけではなく、ソーナーでは目標を探知していたが、いずれも海底に横たわる係維機雷の錘の部分（係維器）で、肝心の機雷缶はすでに処分済みのものばかりだった。

これは辛い。「『あわしま』だけが、帰国までに一発も処分が出来ないのではないか」という焦りが桂を襲い、新米艇長にとって身を苛まれるような日々を過ごすこととなった。

「なーに、機雷は逃げやしないから気を落としなさんな。そのうちかならず処分できるさ」

他の艇長たちは口々にそう言って慰めてくれるが、それは逆に針の筵に座らされているような思いに桂を掻き立てた。この気持は乗員も艇長と一緒で、他の艇がつぎつぎに爆破処分に成功しているのを横目で見ながら、それぞれの持ち場で全力を尽くしていた。

「機雷探知機員（ソーナーマン）は一日中、探知機のブラウン管を睨み続けているため、疲れた目から涙を流しながらの捜索という状況で、他の艇には負けたくないという気概が背中に感じられた。それを見て、『艇長が焦ってはならない』と自分に言い聞かせながら探知機員を信じ、単調な作業の日々を送った」（桂）

そんな気の重い毎日を過ごした桂艇長以下の「あわしま」の乗員たちの努力が報われ、光明が訪れたのは、「ひこしま」の処分第一号からちょうど一週間目にあたる六月二五日のことであった。

この日、作業開始後まもなく「あわしま」のソーナーが機雷らしき有力な目標を探知し、艇内に緊張が走った。さっそく、ウェットスーツに身を包んだ富永直則二尉、柳沢弘行一曹、青山末広二曹、北賢司士長ら四人のＥＯＤが、いつものように探知目標確認のためゴムボートで艇を発進した。

やがて目標付近に到着したゴムボートから柳沢一曹と青山二曹の二人が海中に入り、期待の数分が経ってその二人の頭が水面に現われた。そして二人と何やら話していたゴムボート上の富永二尉が、頭の上に腕で大きな丸を示す信号を送ってきたとき、「あわしま」の甲板上からいっせいに歓声があがった。

それは探知した目標が実機雷であることを示すサインだったからで、同時に艦橋を見上げる乗員たちと、艦橋の艇長の心が一つになった瞬間でもあった。

探知した機雷はソ連製の係維機雷ＬＵＧＭ１４５で、ＥＯＤによる直接処分と決まった。

「あわしま」初の機雷処分に向けての作業は手際よく進められ、発火時刻を目指して秒読みに入って間もなく、「発火！」の発令とともに、そのときがやってきた。

「腹に響く強烈な爆発音とともに、機雷処分の水柱が上がった時はとにかく嬉しく、頬を伝わる安堵の涙をぬぐうことも忘れていた。そして『あわしま』の乗員に対し、『有難う』という感謝の思いで一杯になった」

苦しかった往時を偲ぶ、もっとも若かりし艇長の言葉である。

こうして「あわしま」にとって第一号、派遣掃海部隊にとっては第一一号となる処分が達成されたが、この日は快調で、「ゆりしま」の第一二、一三号に続いて午後には「あわしま」にとって二発目となる第一四号の処分に成功し、翌二六日の「ゆりしま」による二発を含めMDA-7での前段の作業で、合計一六個の機雷処分を達成した。

四、マイ、アラビアンブラザー

すべて初物づくしともいうべき今度の掃海作業で、落合指揮官以下の日本掃海部隊は多くのことを経験し、かつ学んだが、中でも特筆されるのは日米両掃海部隊指揮官の落合一佐とヒューイット大佐との間に生まれた強い信頼と友情の絆だ。

時間を少し戻そう。

先行した掃海部隊を追って補給艦「ときわ」で、落合がクウェート沖に設定された日米共同の掃海現場MDA-7の、日本側が担当するボックス5に到着したのは六月四日の昼少し前だった。

すぐにアメリカ海軍掃海部隊旗艦「トリポリ」に指揮官ベイリー大佐を訪ね、初対面の挨拶と掃海作業の打ち合わせを済ませた後、落合も掃海艇「ゆりしま」に乗って乗員を激励したが、七日午後から開かれる多国籍海軍との共同作戦会議に出席のため、六日午後には補給艦「ときわ」で、ドバイに向かった。

七日昼少し前にドバイに着いた落合は、ドバイ沖に停泊するカナダ掃海部隊の旗艦「ヒューロン」艦上で開かれた作戦会議に出席した。他国籍軍の掃海部隊は、持ち回りで月ごとに議長国を決め、この六月はカナダの担当となっていた。

この日の会議では、これまで各国が処分した機雷の数を別個に発表していたのを、多国籍軍として統一して発表するようにしたいこと、この作業の終わりの期限をいつにするかなどが話し合われた。アメリカ海軍が新入りでまだ様子のよく分からない日本を気遣っているのがよくうかがえたほかは、さしたることもなく終わったが、問題はそれからあとだった。

湾岸の各地からやってくる各国海軍の士官たちは、格安の割引料金で、バーレーンの一流ホテルに泊まる。日本にはまだそんな制度も無いので、落合はアメリカ中東艦隊の旗艦「ラサール」に泊めてもらうことにしたが、これがそもそも間違いのもとだった。

旗艦「ラサール」は一万七〇〇〇トンの大艦で、空いている部屋がいっぱいあり、部隊指揮官だというので、落合には艦長室と同じような立派な部屋をあてがってくれた。しばらくすると夕食に呼ばれた。これが結構なご馳走なのだが、アメリカ式に量が多く、しかも黙々と食べているだけではまずいと思い、懸命に近くの人たちと会話に努めたので味なんてさっぱり。

やがて窮屈な食事を終え、英会話の重圧から逃れて部屋に帰り、シャワーを浴びてベッドにひっくり返って一休みしていると、電話が鳴った。出てみると司令官のテーラー少将からで、「夜食の支度ができたが、コモドー落合もひとついかが?」といっている。

ポップコーンでもつまみながらコーヒーを飲んで、当時アメリカでもっとも人気の高かったホームコメディーのテレビ番組でも一緒に見ませんかというお誘いなのだ。

せっかくなので身支度をして司令官公室に行ってみると、すでに先客があってテレビ画面を見ながら面白そうに笑っている。当然ながら日本語の字幕が出るわけでもなし、落合が見ても何がおかしいのかさっぱり分からない。仕方が無いので人が笑うのに合わせて笑ったりして、一時間半ほどお付き合いして失礼した。

翌日の朝食は、またしても皆さんと顔を合わせながらとなったが、典型的な日本男児である落合にとって朝食といえばのり玉、納豆に味噌汁が一番で、ナイフとフォークはあまりなじまない。まして英会話で気を遣いながらとなると余計いけない。

「それではあまりかわいそうだというので、予算をつけてもらってホテルに泊まっていいことになった。はじめの頃は各国指揮官会議は月に一回、毎月七日に開かれることになっていたが、そのうちひんぱんに呼び出されるようになった。しかし何といっても『ラサール』に泊まった時がいちばんきつかった」

落合の回想であるが、いつまでもそんな状態では身がもたないし、まして派遣部隊指揮官などという重責は勤まらない。しかし、落合は成長し、「ラサール」での経験以後、考えを変えた。それは相手に迎合しようとしたり、背伸びして自分を自分以上に見せようなどとせず、ごく自然体で付き合うようにしたことだ。そうすれば肩の力も抜け、気も楽になる。

落合のこの成長は、このすぐ後、アメリカ海軍掃海部隊指揮官レスリー・W・ヒューイット大佐というこの上ないパートナーを得ることにより、さらに確かなものとなってゆく。

このヒューイット大佐と落合が最初に出会ったのは、MDA-7での掃海作業開始から八日目に当たる六月一三日のことだった。この日は午前中、前日補給艦「ときわ」がドバイから乗せてきた三〇名に及ぶ記者団との記者会見があり、その後も掃海作業の取材などで落合も朝からせわしなかったが、落合の心は早くも午後来訪予定のヒューイット大佐の上にあった。

ヒューイット大佐は、前任のベイリー大佐と交代して六月一八日からアメリカ掃海部隊指揮官に就任する人で、交代に先立って落合に挨拶のため、この日「はやせ」を訪れることになっていた。

約束時間の午後二時きっかり、ヒューイット大佐を乗せたアメリカ海軍のヘリコプターが掃海母艦「はやせ」の後部甲板に着艦した。

「これから苦労をともにする仕事仲間」との思いを込めて丁重に出迎えた落合は、ヘリコプターから降りてきたヒューイット大佐と固い握手を交わした。そして目と目が合ったとき、

「この男とならば何でも話し合いができ、うまくやっていけるだろう」と確信した。

ヒューイット大佐が大柄な人の多いアメリカ海軍軍人の中では小柄で、背格好も落合とさして変わらないことにも好感が持てた。人と人の付き合いでは、目線が同じというのも大切な要素であるからだ。こうした落合の直感は、司令公室で挨拶を交わすうち、いっそう確かなものとなった。

「きわめて礼儀正しい、紳士的な人。穏やかでユーモアに富んだスマートな海軍士官」というのが落合がヒューイットから受けた印象だったが、彼とならうまくやって行けそうだという最初に会った際の直感に間違いはなかった。

「落合さんはヒューイットさんに対して特別に構えることなく、ありのままの自分をさらけ出すという、日本人に対するのと同じやり方で接した。もちろん込み入った話になると、間違いないよう前田嘉則三佐ら優秀な語学幕僚が補佐し、さらに専門的な掃海の話になると、我々のような掃海幕僚の出番となったが」

掃海幕僚石井健之二佐の落合観だが、ここに落合、ヒューイットとの、言いかえれば日本、アメリカ両掃海部隊の間のやり取りがいかに真剣であり、すさまじいものであったかを示す格好のエピソードがある。

日米共同の掃海作業は、九月一〇日のMDA-10での作業をもって終わったが、最後に別れるとき、ヒューイットが「マイ・アラビアンブラザー」といって肩を抱きながら、A4版の紙に描かれた4コマ漫画を落合にくれた。当時、アメリカの一流新聞で人気のあった漫画をまねてヒューイットが自分で描いたもので、最初のコマでは真ん中に時計をはさんで一人が相手をさして何やら怒鳴っている。つぎのコマでは時計が五分進んでいて、今度は相手の方が怒鳴り返している。

ヒューイットの説明によると、一コマ目で怒鳴っているのが落合で、二コマ目が自分だという。そして三コマ目では中東艦隊司令官のテーラー少将らしき人物が中に入って、マアマアと二人をなだめている。最後は足に錘（おも）りのついた鎖をはめられ、横縞の囚人服を着た二人が、鉄格子の中でぶつぶつ言い合っている図で、「結局、俺と君はペルシャ湾という牢獄の中で、機雷という鎖に足を絡（から）まれてこういうことになった」というのがヒューイットの説明だった。

このことについて、落合は語る。

「掃海作業の手順に関する相互の打ち合わせ会議では、本当にそれくらいやった。彼は一〇〇〇人近い部下の命を預かっていたし、同様に私にも五一〇人の部下がいる。打ち合わせのあいまいさから同じところでダイバーが潜って作業をしている時ドカーンとやったり、何かの間違いで事故を起こしたりしたら大変。だから、細部の細部までこれでよしと確認しながらやったが、そこに至るまでの過程で意見が食い違ってなかなか合意に達しない。しかし、中途半端に妥協してやったのでは危ないから、殴り合いこそしなかったけれども、お互いカッカしながら両方が納得するまで議論を尽くした。それが結果的に、お互いの信頼を深める良い結果につながった」

それがいかにすばらしいものであったかを物語る後日談がある。

六月五日のMDA-7での作業開始から九月一〇日のMDA-10での作業終了までの三ヵ月余りの日米両掃海部隊の共同作業の間に、アメリカ側の旗艦は「トリポリ」「テキサス」「メリル」「ガーディアン」と四回変わっているが、これはその中でもっとも旗艦の期間が長かった「メリル」艦長ペテンコート中佐の話。

タスク編成のうまいアメリカは、旗艦が変わるたびに五〇名ほどの司令部要員が司令官とともに移動し、ほとんど遅滞なく業務をこなす。「メリル」艦長ペテンコート中佐にしても、ヒューイット大佐以下の掃海部隊司令部には場所を提供しているだけで直接関係は無いのだが、そこは旗艦の艦長だから、時折艦内で開かれる日米掃海部隊の会議の様子はいやでも耳に入る。しかも、それは中で喧嘩でもしているのではないかと思われるくらいすさまじいものであった。

ペテンコートは優秀な人で、のちに大佐に昇進してから海軍大学に進んだが、そこで世界三十数ヵ国から集まった学生たちに対し、「共同」というテーマでスピーチをする機会が与えられた。

その際、ペテンコートは、自分が傍（そば）から見聞したペルシャ湾での日米掃海部隊の共同作業を実例に挙げて講演し、「その成功こそ本当の意味での〝共同〟の結果であるが、そこに至るまでには徹底的に議論を尽くし、それがすばらしいチームワークにつながった」と結論づけ、聞き入る人たちに深い感銘を与えた。

なお、ペテンコートはその後、少将に進級してアメリカ掃海部隊の最高指揮官となり、ついでサンディエゴ海軍司令官になったが、その交代式には落合も招待されたという。

六月一八日、各国掃海部隊指揮官列席のもと、「トリポリ」艦上でベイリー大佐とヒューイット大佐の交代式が行なわれ、蝕雷によって生じた艦体破損部の本格修理のため本国に帰る「トリポリ」に代わって、新たに巡洋艦「テキサス」がアメリカ掃海部隊の旗艦となり、ヒューイット以下の司令部も「テキサス」に移った。

新旧指揮官の交代式の後、テーラー少将は新任のヒューイット大佐をともなって「はやせ」に来艦し、落合以下の日本掃海部隊幹部たちと昼食をともにしたが、「ひこしま」による初処分に続く連日の成果が挙がるようになったのは、その翌一九日からであった。

第四章——誇り高き人々

一、すばらしき隊員たち

六月五日からペルシャ湾北西部の機雷危険海域MDA-7で掃海作業を実施していたわが派遣部隊は、七月一日午後五時をもっていったん第一段の作業にけりをつけることにした。すでに洋上での作業は一ヵ月に及び、乗員たちに疲れが見え始めたことと、人間だけでなくフネや機械にとっても充分な整備点検が必要だったからだ。

明けて二日、正午過ぎから補給艦「ときわ」の科員食堂で各級指揮官、幕僚、関係幹部による研究会を実施のあと、いっせいに抜錨、掃海母艦「はやせ」を先頭に単縦陣で一路、ペルシャ湾中部バーレーンのミナ・サルマン港に向け南下した。

部隊の行動とは別に落合指揮官は、「はやせ」に迎えに来たドイツ海軍ヘリコプターでバーレーンに先行し、午後ヒューイット大佐と共に中東艦隊旗艦「ラサール」を訪れて司令官テーラー少将と歓談し、翌三日は「ラサール」で開かれた各国海軍司令官会議に出席した。

この頃になると、落合も外国の指揮官たちとすっかり顔なじみとなり、打ち解けて話し合えるようになったが、それは単なる場馴れなどといったものではなく、一ヵ月近い掃海作業の実績に基づく自信がもたらしたものであった。

こんなことがあった。一緒にペルシャ湾で掃海作業を行なう各国指揮官及び幕僚が集まっての各種作戦会議は何回となく開催されたが、昼間の会議のあと夕方から懇親会が開かれることも少なくなかった。その席で、初めのうちはお互い遠慮がちで発言も控え目だったのが、回を重ねるごとに親しくなって遠慮の壁が取り払われ、そこにアルコールの力も加わって本音で話し合うようになった。

そんなあるとき、たまたま日本の国際貢献が話題になり、かつてのイラン・イラク戦争でペルシャ湾を航行する日本のタンカーをアメリカやNATOの海軍艦艇が護衛したことについて、「自国のエネルギー源の七〇パーセントを中東に依存している日本のタンカーを守るため、何故アメリカやその他の国の若者が危険に身をさらさなければならないのか」と批判の声が寄せられた。落合が黙って聞いていると、彼らの非難は今度の湾岸戦争での日本の対応にも及び、止まるところを知らない形勢となった。

さすがに腹に据えかねた落合は、「日本人だってこれまでに一三〇億ドル、つまり日本国民一人あたり一万円ずつ払ってりっぱに国際貢献しているではないか」といって反論したが、すかさず「国民一人当たり一万円か。つまりニアリーイコール一〇〇ドルだな。一〇〇ドル払えばペルシャ湾に来なくていいのだったら、俺は今ここで一〇〇ドル払ってやるよ」と切り返され、二の句がつげなくなってしまった。

「口惜しまぎれに、ただただカティサークの水割りをガブ飲みしていた私であった」

当時を偲ぶ落合の言葉だが、それが国際協力に及び腰だった我が日本を取り巻くきびしい現実の姿だった。

きびしい現実といえば、こんなこともあった。まだ派遣部隊が現地に到着して間もない五月の下旬ごろ、ペルシャ湾の沿岸諸国の間では、「湾岸の復興に貢献してくれた国に感謝する」ということで、背中に湾岸の復興に貢献した国々の国旗が描かれたTシャツが売られ、約三〇ヵ国に及ぶ派遣艦艇の乗員たちは、自国の国旗が描かれたTシャツを着て、繁華街を大きな顔で歩きまわっていた。しかし残念なことに、すでに一三〇億ドル（約一兆五〇〇〇億円）の巨費を支払っていた日本の日の丸の旗は、その中に見られなかったのである。

各国指揮官会議後の懇親の席で、落合が苦い思いを味わったのもこの頃であるが、日本の掃海部隊が掃海作業を開始し、そのことが現地の新聞などで報道されはじめた六月中ごろになると、そのTシャツの各国国旗の中に日の丸が見られるようになった。

「資金提供のみの協力と、実際に現地にやってきて作業に参加する協力との差を、つくづく思い知らされた」

落合はしみじみとそう語っている。

こうして掃海が始まって、その実績が現われるまでは肩身の狭い思いを味わった落合も、約一ヵ月に及ぶ前段の作業を終え、バーレーンのミナ・サルマン港に入港して隊員たちが上陸する頃には、今度はまったく逆に、各国指揮官や幹部たちから賞賛され、羨ましがられる立場に変わった。

七月四日一〇二〇、小串敏郎在バーレーン大使らが待つミナ・サルマン港第六岸壁に、「ひこしま」を先頭にしたわが掃海艇四隻は静かに接岸した。岸壁にはアメリカ、イギリス、ドイツ、イタリアなど三〇隻を越える各国の掃海艦艇とその旗艦などがひしめき合い、さながら掃海オリンピックの様相を呈していた。

午後には掃海母艦「はやせ」も入港して岸壁はちょうど満杯となり、この後、小串大使が落合指揮官の乗る掃海艇「ひこしま」に激励のため来訪、引き続いて艦内見学と会食が行なわれたが、乗員たちにとって何より嬉しかったのは、待ちに待った上陸であった。そしてこの上陸で隊員たちの節度ある行動が話題になり、日本掃海部隊の評価は一挙に跳ね上がったのである。

上陸員整列の号令が掛かり、「只今より〇時から〇時まで上陸が許可される」に始まり、注意事項が一つ一つ告げられたが、特に酒を飲んで街を歩くな、イスラムの女性にはカメラを向けるなといったことについては、やかましく注意が与えれた。

一ヵ月ぶりに踏む陸地、しかも興味いっぱいの未知の土地。そして久しぶりに勤務から放たれた開放感。おまけに元気いっぱいの若者ぞろいときている。少しは羽目を外して問題を起こす者があっても不思議はないのだが、何とそれが皆無だったのだ。

たとえば、ある外国の海軍でこんな事件が起きたことがあった。

水兵が四人でタクシーに乗ろうとしたら、定員は三人までだからと断わられた。そこで乗せろ、乗せないのすったもんだの末にタクシー運転手を車から引きずり下ろし、叩きのめしてしまった。それを見ていた他のタクシー運転手たちがいきり立ち、今度は四人を袋叩きにした。すると、腹のおさまらない四人はフネに帰って仲間を呼んできたので、さらに大きな騒ぎに発展した。

そんなことがしばしば起きるので、落合は他国の指揮官たちから、「我々は港に入ると、また上陸員が何か仕出かしやしないかと心配で、休養どころか逆にストレスでいっぱいだ」と羨ましがれたという。

一週間のバーレーン滞在中、日本の隊員たちの模範的な行動について、落合は小串大使から質問されたことがあった。

「外国の大使たちとの会合で、われわれのところではいつも問題を起こしてはその後始末に悩まされているのに、日本の海軍は何一つトラブルを起こしていない。何か特別なことでもやっているのか？　とよく聞かれるが……」

落合は、「アメリカ人だって迷彩服を着て砂漠の中を駆け回っている兵隊の中にはドクターやマスターもいるが、その一方では夜中に街で暴れるならず者がいる。日本は教育のレベルが高く、そのピンとキリの格差が少ないのが原因ではないか」と答えたが、これが、相手がお互いに遠慮のない外国の海軍仲間となると、答えも一変する。

「特別なことは何もしていない。もっとも上陸するとき、各人の二つあるタマのうち一つをこちらで預かるようにしているが」

聞かされた相手は一瞬呆気にとられた顔をしたのち、やがて意味がわかって大笑いとなるのであった。

こうした日本掃海部隊隊員たちのモラルの高さは、アラブの人たちの共感を呼び、ドバイなどでは初めは岸壁の一番遠いところにあった日本部隊の接岸位置を、上陸に都合のいいゲートに近い場所に移してくれたばかりでなく、門の出入りのチェックも自国の官憲ではなく、日本の部隊から人を出してやれるよう便宜を図ってくれた。

まだある。三十数ヵ国来ている各国海軍だが、上陸はそれぞれの国でバスをチャーターして港の営門前からダウンタウンまで送り、帰りもそこで拾って戻ってくる。バスのフロントガラスに自国の国旗を目印につけているが、たまにバスに乗り遅れて歩いている日本の隊員を見つけると、「おい、ジャパン、乗って行け」といって停まってくれる。

しかし、日本のバスが歩いている他国の隊員を見つけて「乗せてやってくれ」と言うと、現地人の運転手は「ノー」という。日本人は行儀がいいが、あの連中は何を仕出かすか分からないから、というのがその理由だった。

こうした日本と外国海軍軍人との違いについて、首席幕僚宮下英久一佐は、つぎのように分析する。

「我々は有事のひどい経験をしているわけではないが、彼らは戦闘部隊であり、気が荒くなるのは当然だ。しかも我が隊員の一人一人に日本を代表して来ているのだという自覚があり、ここで自分たちが何かまずいことを仕出かすと、とかく遅くやってきたという目で見られているのがさらにマイナスになるのではないか、というような危機意識を誰もが持っていた。たまにホテルのカウンターで金を払おうと思ったら英語がうまく通じない。仕方がないので財布をバンとカウンターの上に置いて、この中から取ってくれとやった程度のトラブルはあったが、大きな問題になるような事故はなかった。

自分たちが使命感に燃えてやったのが、行動を律する大きな力になった。上陸しての行動自体が紳士で、質も高かった。外国の海軍の人たちも日本海軍恐るべしと感じたらしい。もっとも有事になった場合、その士気をどれだけの期間保てるかどうかは未知数だが」

日本の海外派遣部隊隊員の現地での行動については、今からざっと九〇年前の第一次世界大戦の際、地中海に派遣されたわが第二特務艦隊でも似たような話があった。以下は当時イギリス海軍から提供された小型駆逐艦（日本名「かんらん」）に乗っていた中村一夫海軍少将（当時大尉）の話である。

「わが艦隊の基地になっていた地中海のマルタ島に寄港していた時のことだ。日曜日とあって乗員は半舷上陸、士官も艦長以下だれも居なくて、私一人、当直士官として艦に残っていた。

夕方、ボートで上陸した乗員たちがそろそろ帰ってくる時刻になったころ、税関の海上検察官の船がすごい勢いでやって来て、『かんらん』のタラップを駆け上がってきた。私が応対に出ると、『あそこに見える貴艦から上陸した乗員が帰ってきたら、艦に乗らないうちにこちらに引き渡して欲しい』という。

海軍兵学校時代に英語教課のテキストで習った国際法を幾らか覚えていたので、『軍艦はたとえ外国の港であろうとも治外法権を持っているので、外国官憲の干渉を受けることはない』と言おうとしたが、どうしてもうまく言えない。幸いアウト・オブ・フォーリンパワーという熟語は覚えていたので、『ウイ　アー　アウト　オブ　フォーリンパワー』と言ったら分かったらしく、『こちらの要求を拒絶するか、それともレシーブするか』と聞き返してきた。

『拒絶する』と答えたら、『そうか』と言って帰っていった。

そのうち上陸した乗員が帰ってきたので、『今イギリスの税関の役人が来て、こんなことを言って帰ったが、何か間違いがあったのか？』と聞くと、一人が『店に入ってちょっとした買い物をしたところ、持ち金が少し足りなかった。言葉が不自由な上に迎えのボートが来る時間が迫っていたので、少しばかり我慢してくれくらいの気持で、二セントか三セント払わずに帰ってきた』という。

些細なことで大したことはないと思っていたら、また税関からやって来て、『今、上陸から帰った乗員を調べさせてくれ』と言うので、『ここは治外法権だからそれも断わる』と言ったら、おとなしく帰って行った。それでも自分がやった対応が心配だったので、司令に報告したら、『それでよろしい。怪しからんのは向こうだ』と支持してくれたし、艦隊司令官佐藤少将も同意見だった。

後にこちらからイギリス側に話をしたところ、『下級官吏で国際法などよく知らないのが対応したので失礼した』と謝ったことを知って安心した」

イギリス海軍をはじめ、連合国の人々から絶大の信頼を寄せられた地中海派遣第二特務艦隊での出来事であるが、当時定められた「軍艦外務令」によれば、軍艦にはつぎのような特権が与えられていた。

一、軍艦は、外国政府の干渉を受けることなし。もし外国政府、強いてこれに干渉せんとせば、兵力を持って拒むことを得。

二、軍艦は、外国の法権に服従せず。したがって外国の警察権、裁判権、臨検捜索権などの艦内に行なわるるを許さず。

三、軍艦は、外国に対し納税の義務なし。

四、軍艦は、主権にともなうところの尊敬と待遇を受くべきものとす。

中村の採った処置は、まさにこの軍艦外務令によったものであった。

現代に戻ろう。

掃海の実績に加え、現地での隊員たちの高い評価をもっとも歓迎し、かつその恩恵をこうむったのは、ほかならぬ現地の邦人たちであった。

バーレーンではかなり早い時期に石油が発見され、中東地域の石油ブームの先駆けとなったが、その石油はいち早く枯渇（こかつ）してしまった。しかし、中東における金融の中心地として国が内外の金融機関を誘致して、香港やシンガポールに劣らない繁栄を築いた。このため日本の金融機関や企業も多く進出していた。

一九九〇年六月二日にイラク軍によるクウェート侵攻、いわゆる湾岸戦争が始まったとき、多くの日本企業がいち早く駐在員を引き上げ、各国が軍隊を派遣したのに日本は出さなかったので、日本企業に商談が持ち込まれなくなったことがあった。臆病で何もしない日本への現地での信用が失われ、相手にされなくなってしまったのだ。

それが、日本の掃海部隊派遣が決まり、実際に現地にやって来て掃海作業を開始するようになって様子が一変し、商談が戻って来たのである。

だから在留邦人たちは、七月四日の掃海派遣部隊の入港を熱い思いで出迎えた。翌五日にはバーレーン日本人会の半数近い一一六名が見学に訪れ、一日おいた七月七日には約二五〇人ほどいるバーレーン日本人会による隊員たちの歓迎会が、バンカーズ・ガーデンというバーレーンで一番のリゾート施設を借り切って開催された。

開会に先立って日本人会会長は、「私たちアラブで働く在留日本人にとって、皆さん方の活躍は大きな誇りであると思っています」と挨拶したが、そのあとの歓迎会は心あたたまる、かつすばらしいものだった。

招待された三〇〇人ほどの隊員たちは、飲み放題食べ放題の上にプール、テニスなど思い思いの施設でリラックスし、予想もしなかったこの大歓迎に、「びっくりしたー」「いやー、これはすごい」といった賛嘆の声があちこちで発せられた。夕方からは趣向を変えてバーベキューとカラオケのパーティーに変わり、アマチュアバンド「近所迷惑」の名（迷？）演奏なども飛び出し、隊員たちにとっては忘れられない〝アラビアンナイト〟となった。もっともこの日の隊員たちの旺盛な食欲に、日本人会では後から会費の追加徴収を必要としたらしいが。

二、「あ・うん」の師弟

約一週間に及んだバーレーンのミナ・サルマンでの休養で、掃海部隊の隊員たちは思い思いのリラックスした時間を過ごしたが、この間の部隊指揮官落合一佐の身辺は、ひどくあわただしいものだった。

七月八日の鈴木宗雄外務政務次官、九日の元防衛庁長官山崎拓議員ら国防三部会議員六名、統合幕僚会議議長佐久間一（まこと）海将の視察及び激励。そして一一日までの各要人への表敬訪問の随行や昼食会夕食会への出席など、行事がびっしりと続いたが、中で何と言っても落合にとって重要な出来事は、佐久間統幕議長の部隊視察だった。

七月一日付で海上幕僚長から陸海空三自衛隊の頂点に立つ統合幕僚会議議長に就任した佐久間一海将は、防衛大学校一期の大先輩であるばかりでなく、卒業後も勤務を通じて落合に大きな影響を与えた、いわば心の師とも仰ぐべき人だったからだ。

それは、落合が防衛大学校四年生になったときのことだった。それまでは三月に前のクラスが卒業して、春休みを終えて帰ってくると四年生だからお山の大将になれた。そこで休暇を終えた落合たちが意気揚々と学校に戻ってきたところ、その年はいささか勝手が違った。一期生の錚々（そうそう）たる先輩方が二等陸・海・空尉で小隊指導官として待ち構えていて、これまでの四年生にはなかったほどしぼられた。そのうちの一人が佐久間だったが、そのきびしい指導は落合の卒業後も続いた。

練習艦隊では、練習幹部を実習直と練習直の二つのグループに分け、交互に勤務に付く。実習直は艦橋当直、ＣＩＣ当直といった実習勤務に就き、次の日は研究直に変わって天測などをやる。

研究直の晩、たまたま夜に雨が降ったりして、「これで天測の実習は無しだ。万歳」などといって喜んでいると、「研究直集合。研究講堂！」の号令がかかった。おかしいと思いながら講堂に行ってみると、黒板にチョークで星座が描いてあり、「それを測ってすぐに計算し、自分の位置を出せ」というわけで、決して遊ばせてはくれなかった。

その後も海幕や自衛艦隊司令部でも何度か一緒に勤務したことがあり、落合のいいことも悪いこともすべて知られていて、「その意味では私がペルシャ湾に行っている時に、佐久間さんが海幕長でおられたことは幸運だった」と落合は語っている。

たとえば現地では、比較的うまくいったアメリカ海軍との間ですらいろいろトラブルはあり、普通そんな耳障りな話はしたくないし、できれば触れずにおきたいものだが、そんな余計な心配など一切なしに、何でもあけすけに話ができたことが、どれだけ落合の気持を楽にしたことか。

「電話の向こうに顔が浮かぶということで、つくろったり背伸びしたりといった細工を一切必要としなかったことが有り難かった」と落合は語るが、こんなこともあった。

派遣部隊が日本を出発する数日前、落合に海幕長から電話があった。用向きは二六日の出港前に行って激励したいとのことだったが、出港前の忙しい時に海幕長のようなえらい人に来られると、出迎えの儀礼やら報告などで時間を取られ、たまったものではないと思った落合は、その旨を率直に訴え、できれば来ないでいただきたいと返事した。

普通ならとても言えないことだが、佐久間は、「そんな儀礼的なことは一切必要ない。ただ顔を見て激励したいだけだ」といって当日見送りにやって来た。

このあと奄美大島笠利湾で集結した部隊が沖縄沖に差し掛かったとき、那覇基地のP3C三機が見送りに飛来したが、そのうちの一機には佐久間が乗っていた。機上の佐久間から、「私はたまたま日本国内の海幕にいるけれども、心はつねに諸君と共に在る」とのメッセージが送られてきたが、それは落合以下の派遣掃海部隊への格別の思いの現われであった。

そんな佐久間がいよいよペルシャ湾にやって来たのだが、実は佐久間にはもっと早く、自分がその派遣に当たっては非常な努力を傾けた掃海部隊を視察に訪れたいという希望があった。

統幕議長の発令が七月一日付だから、それより前となると六月中旬ごろになるが、あいにくこの時期はハッジというイスラム教徒の聖地巡礼の大移動と重なり、公的機関はすべて休みになってしまうので、せっかく海幕長が来てもイスラムの国々での公式訪問が難しかったのだ。

七月九日、バーレーン入りした佐久間は、各方面への表敬訪問その他の多忙な日程をこなし、一二日の朝〇八三〇ごろ、宿泊先のリージェンシーホテルから車で派遣部隊のいるミナ・サルマン港の岸壁に到着した。落合指揮官以下の出迎えを受けて掃海母艦「はやせ」に乗艦した佐久間は、公室で現状説明を受けたのち、補給艦「ときわ」に移乗して後部の飛行甲板で訓示したが、落合が佐久間の本当の偉さを知ったのは、この後「ときわ」艦内で行なわれた一般隊員たちとの懇談会の時であった。

落合は隊員の中からこの懇談への出席者を選ぶ際、行儀のいい模範的な隊員を選ぶ、いわばやらせのようなことは止め、ごく普通の隊員を出席させることにした。そして「統幕議長はつまらないことで怒ったりするような方ではないから、何でも聞きなさい。そして質問されたら率直にお答えするように」と言って送り出した。その結果、若い士長あたりから活発な意見が飛び出したが、その中の一つにこういうのがあった。

烹炊員長をつとめるある海士長の話。この海士長はもともと三人いる艦の烹炊員の中で次席だったが、烹炊員長の海曹が出港直前に事情があって艦を降りたため、繰り上がって烹炊員長になった。

このことに触れた海士長は、「海士長の私が烹炊員長なんておかしいじゃないですか」と、かなり激しい勢いで佐久間に食ってかかった。

それに対して佐久間は、少しも腹を立てる様子もなく、「そんなことはない。自分の仕事にもっと自信を持ちなさい」と、あたかも親が子供を諭すかのように丁寧に話して聞かせた。そこからは「階級なんて関係なし。大げさに言えば、同じ戦友だというお気持が痛いほど伝わってきた」と落合は回顧する。

七月四日以来、ミナ・サルマン港で整備、休養、補給などにあたっていた派遣部隊は、一二日一一〇〇ごろから一二三〇にかけて掃海艇、補給艦「ときわ」、掃海母艦「はやせ」の順に出港し、作業海域のMDA-7に向けて再度の北上を開始したが、「ときわ」のメインマストには佐久間の座乗を示す統合幕僚会議議長旗がはためき、隊員たちの士気はいやが上にも高まった。

そして一四日から始まった機雷掃討作業では、統幕議長みずから掃海艇「あわしま」に乗って隊員たちの作業をつぶさに視察したが、多忙なスケジュールが統幕議長をいつまでも現場に止まることを許さず、翌一五日朝には次の予定が待つアラブ首長国連邦のアブダビに向けて去らなければならなかった。

その一五日朝、アブダビに向かう補給艦「ときわ」の艦橋に立った佐久間は、遠ざかって行く掃海部隊をいつまでも見つめていたが、その目に涙が宿っているのを見たと、当時防衛庁記者クラブの記者十数人に同行して来ていた海幕広報室長の古庄幸一一佐（のち海幕長、海将）からの手紙であとから落合は知らされた。

防衛大の学生時代、事情があって中退する同級生のため、学内で禁じられていた酒宴を開き、学校での戒告処分第一号を受けたという佐久間は、情の深い提督でもあった。

ＭＤＡ-７での作業は前段でほぼ掃討を終えていたので、新たな成果はなかなか上がらなかったが、佐久間が現場を去ってから三日目の七月一八日一〇三〇、「あわしま」のＥＯＤによる係維機雷ＬＵＧＭ１４５の爆破処理に成功した。ここはアメリカ掃海部隊の担当区域との境界で、一部アメリカ側に入っていたところから、日米のＥＯＤによる共同の戦果になった。

これによって派遣部隊のＭＤＡ-７における機雷処分数は一七個に伸びたが、このころ、部隊内では掃海作業終了の時期をめぐって隊員たちの間にひそかな不安が広がりはじめていた。

人間は、特に日本人はそうだが、先が見える仕事だと頑張れるけれども、終わりの時期が分からない仕事というのはひどく疲れる。まして日本から遠く離れた異郷の、それも海上での長期作業で、これに危険と背中合わせの絶え間のない緊張と、酷暑をはじめとする劣悪な作業環境にともなう肉体的疲労が加わる。

こんな作業が一体いつまで続くのかという隊員たちの不安をもっとも強く受け止めていたのは、ほかならぬ各掃海艇の艇長たちで、一般隊員たちとの懇談の前日行なわれた統幕議長と幹部、指揮官クラスとの会合の席でも、「隊員たちの心身の疲労は限界に近い」と直訴した艇長もいた。

ペルシャ湾の掃海作業には、日本のほかにアメリカをはじめイギリス、ベルギー、サウジアラビア、フランス、ドイツ、イタリア、オランダなど全部で九ヵ国の海軍艦艇が参加していたが、イギリスなどヨーロッパから来ている六ヵ国の部隊は西欧同盟（WEU）を形成し、同一歩調を採っていた。

六月に入って加わった日本掃海部隊の活躍でMDA-7の掃海が進んだことから、七月中旬になると、WEU側は、「クウェートに行く船舶航行の安全確保のための掃海作業は、現在の掃海技術で実行可能な範囲まで実施した。残されたMDA-10は、国連加盟国などに対しクウェート再建のための行動を取るよう呼びかけていた国連安保理事会決議第六八六号の付託の範囲外である」との見解を示し、掃海終了宣言を出して作業を打ち切り、帰国する方針を打ち出した。

これに対し、日米連合は、「ペルシャ湾での船舶の航行安全を確保するためには、引き続きMDA-10の機雷除去、クウェート沖の航路などの安全確認のため、現在の掃海技術で可能な限りの掃海作業を行なう必要がある」との見解を取っていた。

問題はWEU軍が帰ったあと、残された日米掃海部隊による掃海作業が一体いつ終わるのかということで、派遣部隊内部でも、「正月をこの地で迎えることになりそうだ」「桜の咲く頃には帰れるか」といった悲観的な言葉がささやかれはじめていた。

いち早くこのことに気づいていた落合は、共同作業者であるアメリカ部隊の指揮官ヒューイット大佐とも何度か議論を交わした末、ほぼ九月上旬あたりを一応の目途（めど）とすることができたので、統幕議長にアメリカ側との交渉の経過を話し、その線で各国の了解を得られるよう結論を預けた。

その結末がどうなったかは、七月二五日発行の隊内新聞「たおさタイムズ」第一二号がよく伝えているので、全文を紹介する。

七月中旬に行なわれた佐久間統合幕僚会議議長の派遣部隊視察最終日、七月一七日一六一〇頃から統幕議長の記者会見が、アラブ首長国連邦ドバイのハイアットリージェンシーホテル内ダイヤモンドルームで行なわれた。

その席上、記者団の質問に対し統幕議長は、「我々の部隊は、九月中旬まで当ペルシャ湾内で作業を実施することになろう」と述べた。

これまでこの作業に関する期限は不明とされていた当局関係者から、終了の期限が具体的に示されたのは、今回が初めてだ。これは、ヨーロッパ各国の部隊が帰国するという発表があるが、日本も帰国するのかという質問に答えたもので、日本とアメリカが、イラン・イラクの領海付近に残る機雷を掃海することになろうという趣旨の回答をした。

これにより、今後の作業はこれまでより北側の海域で、アメリカ海軍と連携し、九月中旬まで実施することになる。

この件に関し、派遣部隊指揮官落合一佐は、「九月一〇日を一つの目途と考えているが、二~三日の変更はあり得る」としている。

さて、諸君、頑張ろうじゃないですか。

記事の最後の「諸君、頑張ろうじゃないですか」の文言が、当時の派遣隊員たちの率直な気持をよく伝えている。佐久間統幕議長は七月一八日、帰国の途についたが、この日はあたかも「あわしま」によるMDA-7最後の一七個目の機雷処分が達成された日でもあり、佐久間は〝士気の振興〟という最高の贈り物を、愛弟子とその指揮下の隊員たちに残してペルシャ湾を去ったのである。

三、日米掃海部隊の架け橋となった連絡士官

わが掃海部隊がアラブ首長国連邦のドバイに入港して六日目の六月一日午前、派遣部隊指揮官落合一佐は、アメリカ中東艦隊司令官テーラー少将との初会合に出席のため、旗艦「ラサール」の碇泊するアブダビに向け、幕僚五名と共に車でドバイを出発した。アブダビは同じアラブ首長国連邦ドバイの南西約一二〇キロにある港湾都市で、約三〇ヵ国に及ぶ多国籍海軍の艦艇多数が碇泊していた。

すでに掃海母艦「はやせ」と掃海艇四隻は前日の五月三一日、掃海現場に向け出発しており、この日の会議では、日本掃海部隊はアメリカが担当している海域の一部を受け持ち、技術的困難が生じた場合は互いに助け合うことなどが合意されたが、もう一つの重要な合意があった。

当時のペルシャ湾でのアメリカ海軍は、中東艦隊司令官テーラー少将のところで、政治的なことも含めて海上作戦の大局的な方針を決め、掃海作業についてはその下でベイリー大佐

指揮（のちにヒューイット大佐と交代）の掃海部隊が実施する体制をとっていた。

これに対して、日本は派遣部隊指揮官落合一佐が日本艦隊を代表してアメリカ中東艦隊司令部とやり取りする一方では、対機雷戦のような実務ではアメリカ掃海部隊と折衝する二段外交が必要なことが、アメリカ海軍との初会合で明らかになり、日米掃海部隊の間で相互に連絡士官を出そうということになった。

このうち上級の中東艦隊司令部との緊密な連絡の必要性については、部隊が日本を出発するときから分かっていたので、すでに三人いた掃海幕僚の中からもっとも若い四方義博三佐が任命され、六月一日、旗艦「ラサール」に赴任したが、共同作業する掃海部隊間で連絡士官を交換する話は初めてだったので、落合はその人選を急がなければならなくなった。

外国の軍艦で勤務する連絡士官となると、単に語学が達者なだけでなく、異文化の中での毎日の生活に耐えるバイタリティーも必要だ。そのうえ仕事となると細かい作業の調整など、ひどく神経の疲れることが多い。いろいろ考えた末、落合は第20掃海隊司令木津宗一二佐のところに二人いた隊勤務の一人、奥田宗光一尉に話を持ちかけた。

当時の奥田は、司令木津二佐の幕僚として司令が実施する作戦の下準備や調整などを担当する立場にあった。また資格を持ったＥＯＤの一員として、爆発物処理の作業をやることも覚悟していたので、思いもよらない落合の話に当然ながら戸惑った。

「できませんよ。英語もよく分かりませんし……」

初めはそう言って逃げ腰だった奥田も、落合の熱心な説得に負けて渋々承諾し、六月四日、アメリカ掃海部隊旗艦「トリポリ」に赴任した。入れ代わりにアメリカ側からはアーサー・ストーフ大尉が連絡士官としてやってきたが、日米両掃海部隊の共同作戦が交換されたこの連絡士官の活躍で、いかにスムーズにいったか、計り知れないものがあった。

アメリカ軍艦での、奥田の多忙な日々が始まった。

朝、一番に「はやせ」に電話して、今日の作業予定を聞く。それをアメリカ側に伝える一方では、アメリカ側の打ち合わせ事項を日本側に伝える。そして一日の作業が終わると、互いの戦果の報告があるが、日中の作業の連絡には特に神経を遣う。たとえば双方ともダイバーを入れているので、発見した機雷を爆破する際に、一方の爆破によって他方の潜っているダイバーの鼓膜を破ったりする危険がある。

そこで「今から爆破する」「ちょっと待ってくれ、今ダイバーを引き上げるから」といったやり取りが交わされるが、ここで頼みは語学力だ。

「怖いのは解釈の間違いだった。誤って伝えると人の命にかかわるので、恥を偲んで紙に書いて、これで間違いないかと念を押すようにした。

私、英語は掃海、ダイビング、海軍のことなど専門用語に関することなら分かるが、日常会話は大の苦手だった。そこでGEMという表から見ると英和、裏から見ると和英のポケット辞書を持ち歩いて、何かあるとトイレに行ってそれを見るようにした」（奥田）

奥田を迎えたアメリカの海軍は、ヒューイット大佐以下みんな親切で、「私のつたない英語にも、嫌な顔もせずに付き合ってくれた」（奥田）という。そんなアメリカ軍艦での生活に奥田が次第に親近感を抱くようになったのも自然の成り行きだが、赴任して一ヵ月ほど経ったころ、アメリカ軍艦内で開かれた会議にやってきた落合が、奥田の顔を見て言った。

「おや、お前まだ生きとったかい？」

実は外国軍艦での生活がいかに楽でないかを身をもって知っていた落合は、最初、奥田の連絡士官の期間を二週間くらいと踏んで、交代要員もすでに決めてあった。それが二週間過ぎ、一ヵ月たっても何の音沙汰もないので、「おかしいな」と奥田が思いはじめた矢先の落合の言葉だった。しかし、すかさず奥田の口を衝いて出たのは、交替の要請ではなく、継続の意思表示であった。

「何をおっしゃるんですか。このとおり元気でやってますから、どうぞご心配なく」

結局、奥田の連絡士官勤務は日米の共同作業が終わる九月一〇日まで、三ヵ月を超える長丁場となったが、このことについて奥田は、

「早く戻りたいというような気持がなかったとは決して言えないが、うちの親分（注、落合のこと）に恥をかかすようなことがあってはいけないと、これは五一〇人の隊員全員に共通する気持だった」

と語っているが、のちに奥田は、連絡士官在勤中に見聞したアメリカ海軍の掃海システムについて詳細な研究リポートを作り、日本掃海部隊の進歩に大きな貢献をした。

さらにもう一つ、奥田がりっぱだったのは、単に日本側の連絡士官としてだけでなく、ア

メリカ側の司令部の一員として重要な働きをしたことだ。

日米共同の掃海作業も終わりに近くなったころ、奥田は古い海図を利用して、どこでどういう種類の機雷を何個処理したかという各掃海艇の戦果一覧表を、苦心の末、マップの形に作り上げた。これを見たヒューイットから頼まれて奥田はもう一枚作ったが、ヒューイットはすべての掃海作業が終わったあとに開かれた多国籍海軍との会議の席上、このマップを使って「日本の海上自衛隊掃海部隊が挙げた成果はこの通りです」と説明した。

のちに奥田は、連絡士官在勤時の功績に対し、アメリカ海軍から感謝状が送られた。

アメリカ掃海部隊に行った奥田に対して、アメリカ側から日本掃海部隊に派遣されてきた連絡士官アーサー・W・ストーフ大尉についても、触れなければならない。

ストーフ大尉はドイツ系のアメリカ人で、コネチカット州のウォーターバレーという小さな町の出身。予備役で民間会社に勤めていたのが湾岸戦争の勃発で召集されてペルシャ湾にやってきた。そして奥田が「トリポリ」に向け出立した六月四日、旗艦「はやせ」に着任し、ここから奥田と同じく異文化の中での生活を経験することになったが、「日本の士官たちと同じ和食を食べ、同じ二段ベッドに寝て一言も不満を漏らさなかった」とは、「はやせ」で同室だった司令部技術幕僚遠藤仁二佐の回想だ。

日本人的なセンスの持ち主で、アメリカ海軍及び西欧同盟（ＷＥＵ）海軍との調整のやり方が日本掃海部隊の希望通りで、おかげでこちらのペースで作業を進めることができ、六隻五一一名の隊員に一人の事故も起こさなかった偉業に大きく貢献した。

ストーフ大尉の派遣期限は七月二三日だったが、落合がヒューイットに頼んで延長することになり、いったん退艦したものの三日後には「はやせ」に戻った。こうしたストーフ大尉の功績に報いるため、落合は、彼が帰国のため「はやせ」を退艦するという八月一九日に大きなセレモニーを用意した。


この日午前、旗艦「はやせ」の艦内に「総員集合」がかかり、ヘリコプターが発着する広い後甲板には、司令部関係および手空きの乗員百数十名が集まった。そこには表彰台がしつらえられて儀式が始まったが、落合によってストーフへの感謝状が読み上げられ、手渡されると、表彰式は退艦式に様変わりした。

「アメリカ海軍士官アーサー・ストーフ大尉は、本日付をもって退艦し、故郷アメリカのコネチカット州ウォーターバレーに帰還する」

落合がストーフの転勤を披露すると、いよいよ退艦となる。総員が散って見送りの位置に着いた。艦の両舷に全員が等間隔に並び、その前をストーフが敬礼しながら一周し、最後に右舷の舷門の前で立ち止まって落合に敬礼したあと、艦尾の自衛艦旗に敬礼をしたが、その目には光るものが見られた。

ストーフを乗せた内火艇は、「はやせ」の回りを一周して遠ざかって行ったが、「はやせ」艦上からの「帽振れ」の見送りに応えて、ストーフが泣きながら帽子を振っているのが望見されたという。

なお、日本掃海部隊の連絡士官としてアメリカ掃海部隊旗艦に派遣されていた奥田宗光一尉もストーフ大尉の退艦と同日、いったん「はやせ」に戻ったが、アメリカ側の指揮官ヒューイット大佐の強い要望で、ふたたび旗艦「メリル」に戻り、日米共同作業が完全に終了という九月一〇日ごろまで連絡士官を続けた。奥田にしてもこのストーフにしても、行った先で感謝されるほどのりっぱな働きをしたのである。

四、友邦ドイツ海軍

アメリカのほか、イギリス、フランス、ドイツ、イタリア、ベルギー、オランダ、サウジアラビア、そして五月下旬に日本が加わって九ヵ国になったペルシャ湾掃海部隊は、最盛時には掃海艦艇二九隻、支援艦艇九隻に達したが、同じ作業をする「ネービー・ツー・ネービー」の間柄とはいっても、その親密さや協力の度合いには自ずと違いがあったようだ。そんな中で、作業そのものも密接な連携を必要としたばかりでなく、指揮官以下親近感を抱いていたアメリカ海軍は別として、ドイツ海軍との交流にも暖かいものが感じられる。

MDA-7で「ひこしま」が派遣部隊による機雷処分第一号を達成する前日の六月一八日、掃海海面で作業中の部隊への補給のため、バーレーンから掃海海面に向けて北上しつつあった補給艦「ときわ」に、ドイツ海軍のヘリコプターが初の着艦をした。

ペルシャ湾派遣掃海部隊に対する、洋上での他国軍の艦艇やヘリコプターへの給油を認める防衛事務次官通達に沿ったもので、演習や練習航海などでの共同訓練も含め、アメリカ海軍以外のヘリコプターが海上自衛隊の艦艇に降りたのは初めてだった。ヘリコプターは海上自衛隊で使っているHSS24と同型のシーキングMK41で、かねてからの打ち合わせどおり右舷側ダウンウインドから近接し、大勢の乗員が見守る中でスムーズに着艦した。

着艦したシーキングは、エンジンを止めて必要な打ち合わせを終えて間もなく去って行ったが、この日が二〇回に及んだドイツ海軍ヘリコプター着艦の初日で、三日後には掃海海面付近で行動中の掃海母艦「はやせ」に、近くの海面で機雷捜索に当たっていた別のシーキング・ヘリコプターが着艦して燃料補給を行なった。

この日、「はやせ」で、連絡のあった到着時刻の五分前に後甲板を整理して待っていると、ドイツのヘリコプターもちょうど五分前に上空にやって来てスタンバイしているが降りて来ない。降りてもいいと合図したが、それでも降りて来ない。一分前になって降りて来てすぐ給油作業を開始。終わると、指揮官同士で給油した量とその返済法を確認すると、すぐに飛び立っていった。

ドイツ海軍は艦艇と一緒にヘリコプター三機を持って来ていたが、ヘリコプターを積む母艦がないので、陸上のバーレーン国際空港の一角を借りて人や整備器材を置き、そこからヘリコプターを飛ばしてペルシャ湾北部への作戦をやっていた。ペルシャ湾のほぼ真ん中にあるバーレーンから作戦海域まではかなり距離があり、途中で給油しないと作戦できない。

そこでヘリコプターが着艦できるアメリカの軍艦から、燃料をもらって作戦していた。それが六月中旬ごろになって、作戦の都合でその艦が海域から離れることになり、給油が受けられなくなったので、日本の「ときわ」「はやせ」への着艦給油となったものだ。

そんなこともあって、あるとき「ときわ」の医務室に、ドイツ掃海艇「ゲッチンゲン」で発生した急患が運び込まれた。医官の東納重隆一尉が夜通し治療に当たったものの、症状が思わしくないので、アメリカとドイツの軍医と相談し、アメリカ海軍のヘリコプターでサウジアラビアのアメリカ軍野戦病院に運んでもらうという一幕もあった。

「仕事の計画、進め方など、ドイツ人のやり方はきわめて気持よかった。日本人と同じセンスであり、彼らも我々に対して特別の感情を抱いていたのではないか」と語る落合にとって、忘れられない情景がある。

それは、掃海部隊が最初にバーレーンに入港中のことだ。二〇〇〇メートルはあるバーレーンの岸壁には、各国の艦艇がひしめいていたが、その中にフランス、イタリアの艦艇をはさんで日本とドイツの掃海部隊が接岸していた。ある晩、ドイツの当直士官が電話を借りにきた。「自分のところの電話が通じないので」というので、「フランス、イタリアの方が近いじゃないか」というと、「いや、何となく日本の方がいいんだ」と、電話して帰っていった。

恩恵を受けたのはドイツ側ばかりではない。時にはドイツ海軍のヘリコプターに便乗させてもらっただけでなく、苛酷な作業の疲れを癒(いや)す夜のビールが底をつき、補給艦「ときわ」がやってくるまでのつなぎに、ドイツ部隊からビールを融通してもらったこともあった。

そんな互いの親近感は、別れの日まで続いた。

MDA-7の掃海現場では、ボックス5と呼ばれる、日本の担当海域のすぐ北側がドイツ、南側がアメリカの担当になっていた。ドイツを含む西欧連合軍掃海部隊は、七月二〇日にそれぞれ帰国したが、それより前の掃海現場から引き上げるという日、四隻のドイツ掃海部隊は単縦陣で日本掃海部隊が作業しているすぐ傍(そば)を通過した。お互いに艇上から手を振りあって挨拶を交わしたが、戦争で同盟国となった第二次世界大戦から四十数年後、お互い平和の戦士としてペルシャ湾にやってきた日独シーマンたちのさわやかな別れであった。

自衛艦旗が軍艦旗になった

ペルシャ湾掃海派遣部隊の艦艇もそうであったが、すべての自衛艦（艇）の艦（艇）尾には、旧海軍のものと同じ日章から一六条の光線が放射状に出ている、白地に赤の自衛艦旗が掲げられていた。

そしてこの旗が五百余名の派遣隊員たちの士気の根源ともなり、外国の国民や海軍に対する日本の国際貢献を示す絶好の旗印―Show the flag！のシンボルとなったが、自衛艦旗が軍艦旗と同じものに決定するまでにはいささかの曲折があった。

戦後、日本の復興のため港湾や航路に敷設されたおびただしい機雷を除去するのに、旧海軍軍人を主力とする掃海隊が結成され、活動を開始した。

この掃海活動は、その後、組織の名称や所属を変えながらも着実に続けられ、やがて海上自衛隊へと受け継がれるが、これらのフネには、昭和二七年八月の保安庁法の施行に伴って海上警備隊が保安庁警備隊になったとき制定された警備隊旗が掲げられていた。

警備隊旗は白地の中央に赤色の桜花を配し、青色の横縞七本を描いたもので、この年の一二月、掃海船に掲揚されたのが最初だった。

しかし、昭和二九年七月の自衛隊発足を前に第二幕僚監部（海上）で各部隊の意向を調べたところ、今の警備隊旗では海上での視認が難しいだけでなく、新しく発足する海上自衛隊の自衛艦旗には、士気の点からも旧海軍の軍艦旗と同じものの採用を強く望んでいることが分かった。

とはいっても、敗戦によって旧軍に関わるものはすべて悪とする当時の一般状況からして、旧軍艦旗と同じものを採用することはためらわれたので、部内からの公募など色々な案が検討されたが、なかなか適当な案が見つからず、ついに外部の著名な画家に図案を依頼することになった。このとき選ばれたのが歴史画の大家で、米内光政海軍大将の親戚筋にあたる米内穂豊画伯だった。

旭光を主体とする新しい旗章を依頼して一〇日ほどしたところ、米内画伯から「すでに二〇枚程の案を描いてみたが、どうも自分の意に沿うものができない。もし、軍艦旗の寸法があれば参考にしたい」との連絡があったので、担当者が出向いてそれを届けた。

それからさらに五日後、また米内画伯から連絡があったので、担当の第二幕僚監部麻生孝雄総務課長が行ってみると、威儀を正して待っていた画伯はおもむろに言った。

「旧海軍の軍艦旗は黄金分割による形状、日章の大きさ、位置、光線の配合など本当に素晴らしいもので、これ以上の図案は考えようがありません。そこで旧軍艦旗そのままの寸法で一枚描き上げました。これがお気に召さなければ、この仕事をご辞退させて頂きます。ご迷惑をお掛けして済みませんが、画家としての良心が許しませんので」

この米内画伯の図案については第二幕僚監部内でいろいろ検討されたのち、六月上旬に保安庁内で開かれた旗章制定の庁議にかけられた。席上、第一幕僚監部（陸上）提案の旭光八本の日章旗に房をつけた自衛隊旗は難なく採用されたが、第二幕僚監部（海上）提案の自衛艦旗は、その採否をめぐって二時間ももめた。

論議の焦点は本質的な旗の図案の是非についてではなく、もっぱら旧軍との関連、新たに創設される自衛隊に及ぼす影響、国民感情などへの思惑で、最後に次長の決断で保安庁としてこの案で押すことに決した。

庁議終了後、増原次長から報告を受けた木村保安庁長官は即座にこの案の採用を決め、吉田首相に報告して承認を受けた。その後開かれた六月九日の閣議で、自衛隊旗及び自衛艦旗は正式に決定されたが、自衛艦旗の制定に際して吉田首相は、終始にこやかに説明を聞いたのち、こう語ったという。

「世界中でこの旗を知らぬ国はない。どこの海に在っても日本の艦であることが一目瞭然で、誠に結構だ。旧海軍の良い伝統を受け継いで、海国日本の護りをしっかりやってもらいたい」

自衛艦旗の制定にあたり、この吉田首相にしても、木村保安庁長官にしても骨太の、本質を見誤らない人物が要所要所にいたことは幸いであった。それから三七年後、その栄えある自衛艦旗をひるがえした海上自衛隊掃海派遣部隊がペルシャ湾まで歩を進めようとは、泉下の吉田さんも思い及ばなかったに違いない。

海上自衛隊の自衛艦に交付される自衛艦旗は自衛隊法施行令（昭和29年政令第179号）に、次のような制式が定められている。

〔備考〕

1 生地　麻またはナイロン

2 彩色　地　白色

日章及び光線　紅

3 寸法の割合

横　縦の1倍半

日章　直径　縦の2分の1

中心　旗の中心から左辺に縦の6分の1偏すること

光線　幅　日章の中心から11度4分の1に開いた広さ

間隔　日章の中心から11度4分の1に開いた広さ

なおこの自衛艦旗の掲揚については、次のような定めがある。

一、自衛艦旗は自衛艦の艦尾旗ざおに、停泊中にあっては午前八時から日没まで、航海中にあっては常時、これを掲揚する。

二、国旗は、碇泊中は午前八時から日没まで艦首旗ざお（艦首に旗ざおのない艦はメインマスト）に、航海中は特に国籍を表示する必要がある場合にのみメインマストの最上部に、これを掲揚する。

三、定時に自衛艦旗を掲揚、降下する際は、これに対し敬礼を行なうものとする。

（本稿は、防衛庁海上幕僚監部発行「海上自衛隊25年史」をもとに構成した）

第五章——最難関MDA-10

一、乗り込んできたイラン海軍士官

右隣の海域で作業をしていた、よく気の合ったドイツ掃海部隊が去ったMDA-7の海域はいささかさびしくなったが、七月一八日は「あわしま」のEODがアメリカ掃海部隊のEODと共同で、MDA-7としては一七個目となるソ連製係維機雷LUGM145の処分に成功し、二〇日にはこの海域のすべての掃海が完了したことを宣言した。

暑さがいよいよ厳しくなった一九日、いつもどおり作業を開始したが、午後二時ごろには止め、掃海隊の現場指揮をとる第14掃海隊司令森田良行二佐が、派遣部隊指揮官落合一佐に作業終了を報告した。

このあと、各艦艇は補給艦「ときわ」に横付けして各級指揮官会報を実施し、今後のスケジュール調整などを行ない、その夜は隊員たちも久しぶりの開放された夜を過ごしたが、何といっても隊員たちにとっての最大の楽しみは懐かしい故国からの便りだ。この頃になると海上自衛隊掃海部隊のペルシャ湾における活躍ぶりが、マスメディアの報道を通じて故国日本でも広く知られるようになり、一般市民からも多くの激励文が寄せられるようになった。

七月一九日夜、アラブ首長国連邦のアブダビから掃海現場に、第六回目の補給にやってきた補給艦「ときわ」が運んできた手紙の幾つかが、七月二五日発行の隊内紙「たおさタイムズ」第一二号に掲載されているので、その幾つかを紹介しよう。

初めてお便りします。

新聞で自衛隊の皆様のことを知りました。暑い中で危険のともなう作業を、日本の代表として行かれたことを私は誇りに思います。日本人として、感謝の気持を込めて「有難うございます」という心を伝えたいです。

どうぞ無事に任務を終えて帰られますよう、はるか遠いペルシャ湾の皆様に群馬の地よりお祈り申しております。これからも日本のために頑張って下さい。(群馬県桐生市在住の二六歳の女性)

自衛隊の皆さん！　毎日、暑い中の作業、本当に有難うございます。私は二三歳の普通のOLです。皆様が今、命がけでなさっている偉大なペルシャ湾の掃海作業の話を聞いてとても感動しております。

豊かで平和な今の時代、とかく自己中心的な幸福を追求しがちですが、皆さんのように地球上、人類すべての幸福のために頑張っている方たちがいるかと思うと、何だかとても嬉しく、また、頼もしく思います。

日本で平凡な毎日を送っている私には、皆さん方が無事に任務を終えて幸せな日々に戻れるよう、ただお祈りするばかりです。皆さんは、私たち日本人の誇りです。自信を持って頑張って下さいね！（群馬県在住の女性）

掃海のお仕事をしている自衛隊の皆さん、お元気ですか。日本では長崎県の雲仙岳の噴火で辛い思いをしている人もいますが、僕の住んでいる町では毎日平和な日が続いています。日本から遠く離れたペルシャ湾まで行って危険な作業をして、毎日が緊張の連続だと思います。でも誰かがやらなければ近くの国の人たちや、そこの海を通る貨物船なども後で被害を受けると思います。先の湾岸戦争のとき、テレビで油まみれの飛べない鳥を見ましたが、そちらの海の様子はどうですか。

昼間は大変な暑さになり、しかも一日中ヘルメットをかぶり、防衣を着て作業をしなければならないと母から聞きました。皆さんの中には子供のいるお父さんも多くいらっしゃると思います。皆さんのご家族のためにも、どうぞ元気で日本に帰ってきて下さい。（中略）では、お元気で。さようなら。（千葉県千葉市の少年）

家族や友人、恋人たちの手紙に混じって寄せられる一般国民からのこうした激励が、どれほど隊員たちを勇気づけたことか。ともあれ、一つの大仕事を終えた安堵のうちに二〇日の夜は更け、二一日の朝を迎えた。

この日早朝〇五〇〇、旗艦「はやせ」以下の六隻は錨を上げて洋上の錨地を出発した。といっても、掃海艇のスピードはわずか八ノットなので、一八ノットで航行する補給艦「ときわ」の姿はやがて水平線の彼方に見えなくなり、「はやせ」以下の五隻は、ゆっくりとドバイを目指して南下を続けた。これまでと違っていたのは、すでに掃海済みの海面を通るために夜も航行できたことで、一八ノットの「ときわ」は翌二二日朝〇八〇〇、八ノットの掃海艇隊はそれより二四時間遅れの二三日朝〇八〇〇、それぞれドバイに入港した。

さっそく、各級指揮官及び幕僚による関係各国海軍部隊との調整に入ったが、ここで待ち受けていた最大のイベントは、二三日夜に開かれたクウェート政府主催の感謝式典で、各国海軍の指揮官クラスが招待され、日本からは落合指揮官以下各司令、艦長艇長らが出席した。

セレモニーはバーレーンのミナ・サルマンにあるガルフホテルで行なわれた。移動はアメリカ海軍の輸送機に便乗してその夜はホテル泊、そして翌日の帰路も便乗するというところまでは良かったが、飛行機の故障で途中で降りることになり、そこから車でドバイに帰る羽目になった。このため時間が遅れ、以後の行事に支障をきたすハプニングに見舞われたが、何かにつけて親切なアメリカ海軍であった。

出港を翌朝に控えた二五日は、午前、「はやせ」で各指揮官が集まって研究会が開かれ、午後は日米の掃海部隊指揮官及び幕僚がアブダビに停泊中のアメリカ海軍大型掃海艦「ガーディアン」で、これから開始されるMDA-10での作業についての打ち合わせを行なった。

打ち合わせでは、今度の海域は水深が浅くて潮流が速く、そのうえ水中視界が悪いのでダイバーの作業が並み大抵でないなど貴重な、かつ厳しい情報がもたらされて緊張したが、夕方から席をアブダビ市中のレストランに移しての会報では大いにくつろぎ、互いの親交を深めると共に今後の健闘を誓い合った。

「このときがアメリカ海軍掃海部隊司令部の首席幕僚と私が顔を合わせた最初だった。同じ難しい作業に立ち向かう仲間ということで、大いに話が弾んだことを思い出す」

掃海派遣部隊首席幕僚宮下一佐の回想であるが、こうした海軍外交は作業の直接のパートナーであるアメリカ海軍とだけではなかった。

同じ二五日、入港中のデンマーク海軍フリゲート「オルファート・フィッシャー」艦長から招待を受け、補給艦「ときわ」艦長両角良彦一佐、掃海母艦「はやせ」艦長横山純雄二佐及び派遣部隊幹部ら一〇名が同艦を訪問、記念品の交換を行なったが、翌二六日にはドバイに残った「ときわ」艦上でデンマーク軍艦「オルファート・フィッシャー」及びノルウェー軍艦「アンデンス」の兵員一九名を招いて三ヵ国海軍の海曹士による交歓会が行なわれた。

すでに帰国したイギリス、ドイツなどの掃海部隊も含め、これまでほとんど接触のなかったヨーロッパ海軍とのこうした交流は、海上自衛隊が踏み出した新しい海軍外交の第一歩でもあった。

掃海部隊にとって正味三日の短いドバイ滞在であったが、隊員たちは限られたその時間をフルに活用した。ここまで約三ヵ月にわたって酷使された各艦艇の点検整備が乗員たちによって入念に行なわれ、次の作業に向けてEODの装備品の磁気チェックなども実施されたが、それらの合い間をぬって久しぶりの外出を楽しむことも忘れなかった。また、ドバイ・シェラトンホテルでのテニス大会、ホテルプールサイドでのバーベキューなども、楽しい思い出となった。

隊員たちにとって上陸も今回は二度目のドバイとあって、前回の上陸時に目をつけておいたショッピングに、あるいは美味いもの探訪に繰り出した。そこは元気いっぱいの若者たちの集団とあって、思わぬところに突撃する隊員もいて診療所の医官たちを緊張させたが、幸い悪い病気に感染した者は一人もいなかった。

七月二六日、派遣部隊が忙しくもあり楽しくもあったドバイを去る日であった。この日朝八時ごろ、気温はすでに四〇度近くまで上っていた。部隊は、補給サイクル調整のためドバイに残る補給艦「ときわ」をあとに掃海艇、掃海母艦「はやせ」の順に岸壁を離れ、港外に出たところで「はやせ」を先頭とした単縦陣となって北上を開始し、ペルシャ湾最北部の第10機雷危険海域、MDA-10に向かった。

この日は夜も停止することなく航行を続け、すでに啓開されて安全となった水路を通って二七日夜、MDA-10の東側に投錨、翌二八日には南東側に移動して、まず進入路の啓開から作業を始めたが、これまでと違って特筆されるのはモハマッド・ハッサン・ゼイナリ、アリ・アミリという二人のイラン海軍の少佐が、連絡士官として「はやせ」に乗り込んできたことだった。これによって「はやせ」にはアメリカ海軍の連絡士官ストーフ大尉を加えて三人の外国士官が乗艦することとなったが、イランの連絡士官派遣には大きな意味があった。レイトカマー、政府の派遣決定の決断が遅れたため、もっとも遅く参入した日本の掃海部隊はそれでも頑張り、参入後一ヵ月余り経過した時点で、担当海域MDA-7で一七個の機雷を処分する成果を挙げた。

これを見たイギリス、ドイツ、フランスなど七ヵ国の西欧同盟軍は、かねてからの見解に従い掃海終了宣言をして、七月二〇日までにそれぞれの部隊を引き上げてしまった。

結局、残されたMDA-10の掃海作業は日本とアメリカとでやらなければならなくなったが、西欧同盟軍が早々に引き上げた真の理由は、この海域の掃海が地勢的な理由で技術的に難しいことのほか、その一部にイラン、イラク及びクウェートの領海が含まれることから、掃海作業の実施に当たってはこれらの国々の了解を得なければならないという外交上の厄介な問題が含まれていたことで、安保理事会の決議を隠れ蓑にしたフシがある。

これに対してアメリカと共同で最後まで作業をやることになった日本は、早くからイランなどと地道な外交交渉を開始していた。それは五月初旬から中旬にかけて行なわれた外務省と防衛庁海幕との共同事前調査の直後から、特にイランを中心に進められた結果、イランからは七月二〇日、イラクからは同二五日に領海内立ち入りへの正式な同意が得られた。

「イスラム原理主義の国イランはアメリカとの関係はすごく悪かったし、西側の先進諸国の中でも外交関係を保っていた国は少なかった。日本はその数少ない国の一つで、イランには在外公館もあったし、防衛庁の駐在武官もいたので、外交ルートを通じてキチッと同意を取りつけることができた。イランにとって友人が少ない中で、日本が誠実に付き合ってきたのがよかった」

防衛庁と外務省合同の事前調査団に参加したのち外務省二等書記官を兼務し、主としてバーレーン大使館を拠点に現地と掃海部隊との連絡や調整に活躍していた河村雅美二佐はそう語っているが、MDA-10での掃海作業開始に当たって二人のイラン海軍少佐が旗艦「はやせ」に連絡士官として乗り込んできたのは、イランが日本の領海内立ち入り作業を認める条件として、「イラン軍の代表者を立ち合わせること、日本の掃海作業をいかなる政治的プロパガンダにも利用しないこと」などを申し入れてきた結果であった。このことは、掃海作業にあたって作業安全の保障という、きわめて直接的な効果を日本掃海部隊にもたらした。

当時、戦闘が終わったこの海域には、革命防衛隊というイラン政府もコントロールしきれないはね返りのグループによる海賊行為が横行し、MDA-7での日米共同作業中にもアメリカ掃海部隊のEODが乗ったボートが、国籍不明の高速艇に囲まれるという緊急事態に見舞われたことがあった。さいわい、アメリカ海軍のヘリコプターが出動して事なきを得たが、もう少しで厄介な国際問題に発展するところだった。

この手の海賊船は普通のプレジャーボートに機関銃を積んだもので、アメリカ海軍はその襲撃に備えて厳重な監視体制をとっていた。あるとき、首席幕僚宮下英久一佐のところにアメリカ掃海部隊から、「昨夜、不審なフネが貴隊の周辺に現われたが」という問い合わせがあったので、宮下が「別に危険を感じなかった」と答えると、「とんでもない、そんな甘い体勢では危ない」と警告された。

このことから不審船の襲撃に備え、浮遊機雷掃討用として掃海艇に積んでいた二〇ミリ機銃の銃座のまわりに砂漠の砂を詰めた土塁を積み上げて、応戦する乗員の身を守るようにしたが、これに対してアメリカはヘリコプター搭載艦を派遣して、日米の部隊が作業中は空からの警戒を怠らなかった。

さすがに実戦の修羅場を多く経験してきたアメリカ海軍には多くの見習うべき点があったが、こんなことからすると、イラン海軍連絡士官の乗組は、日本側の作業を監視するというよりは、こうした不審船への対応というイラン海軍の配慮であったと考えられよう。しかし、イランおよびイラン海軍の真の狙いは別のところにあったと、宮下は推察する。

「イラン海軍にとっては八年に及んだ戦争期間も含め、永年の確執の中で機雷を利用して海上封鎖を試みた当の相手国であるイラクが、今度は海上からの侵攻を阻止するために機雷を敷設するにあたり、どのようにしたかを知ることは、将来的にきわめて大切なことと考えられる。さらに、西側諸国の進んだ掃海技術を観察する絶好のチャンスであったと見ることができる」

重い任務を負って「はやせ」に乗り込んできたイラン海軍士官たちは、「ヒゲをはやし、小太りの中背で日焼けした一見ごつい感じだったが、人懐(なつ)っこさの漂う士官」(宮下)で、居室としてあてがわれた司令部幕僚用の士官寝室で、朝晩床に跪くイスラム式の礼拝を欠かさない、敬虔で礼儀正しい士官であった。また、掃海作業中に艦橋に上がってくるとき、なぜか素足に皮製のスリッパを履いていたのが奇異の感を抱かせた。

こうして「はやせ」には、国交のないイランとアメリカの海軍士官が同居、というより典型的な〝呉越同舟〟となったが、いわば敵対関係にある両国の士官がこれからひんぱんに顔を合わせるようになることについて、「はやせ」の司令部ではひそかな懸念を抱いていた。

落合はイラン海軍士官二人に対して、幕僚用の士官寝室のほか、自室の隣の司令部幕僚たちが会議や食事などに使っている群司令公室を開放して自由に使わせるようにした。たまたま落合が部屋に入ってゆくと、二人はパッと立ち上がって厳正な挙手の礼をしたが、アメリカ人のストーフ大尉が入って行くと、挨拶もそこそこに下の「はやせ」士官室の方に移動してしまった。それでもアメリカ人らしくあっけらかんとしたストーフ大尉の態度に、イラク士官たちも次第に心を開くようになっていった。

「ストーフ大尉は積極的に、柔らかく話を交わしていたようで、私たちも内心ホッとした」と宮下は語るが、敵対国の双方の海軍士官を預かるという稀な機会を持ったことも、ペルシャ湾派遣の大きな収穫の一つであった。

二、最悪の海域、MDA-10

MDA-10は、政治的に難しかっただけでなく、掃海技術の面から見ても容易でない地勢的条件を備えていた。

斜めに長いペルシャ湾の一番北の奥に位置するMDA‐10の海面は、イランとイラクの国境のすぐ近くに位置するが、ここはイラク国内を流れるチグリス、ユーフラテスの流れを合わせた大河シャトル・アラブ川河口のすぐ沖合いに当たるため、流れが強い上に水中視界が悪く、水深は一〇メートル前後ときわめて浅い。そのうえ海底には石油のパイプラインが走るなど、機雷処分にはきわめて条件の悪い海域だった。それに加え、戦争中にアメリカ軍の攻撃機が捨てて行った不発の爆弾などもあって、機雷の識別や処分をさらに厄介なものにしていた。

こうした自然ならびに人為的な悪条件に加えてもう一つの大きな技術的な課題は、MDA‐7では見つからなかった高性能といわれるイタリア製の沈底式感応機雷「マンタ」の存在で、アメリカ海軍からは、今度はかならず在るからと通報を受けていた。

このマンタについてはMDA‐7のボックス5で作業をやっていたとき、隣で作業をしていたイタリアの掃海部隊に聞いてみたことがあったが、機密だから教えられないと拒否された。その後、MDA‐7での前段の作業が終わってバーレーンに入港したときイタリア海軍がいたので、幹部とは別にこちらの隊員たちを見学に行かせた。お土産に日本のビールを持たせたところ、幹部には秘密だといっていたマンタについて、あれこれと教えてくれたという。

マンタはこんな形をしている、下にこんなのがついている、磁気の感度がすばらしい、とか断片的な話でも総合すると、おぼろげながらアウトラインが浮かび上がったが、それがいっそう明らかになったのは、その後アメリカ部隊が、センサー部分を破壊して生け捕りにしたマンタの実物について、教えてくれる機会を設けてくれたときだ。

アメリカ側はスコット・スチュワート大尉、日本側は英語の達者な「さくしま」処分士渡邊明洋一尉。この場に立ち会った司令部技術幕僚遠藤仁二佐によれば、「はじめは教えてくれるはずだったのが時間がたつにつれて逆になり、しまいにはこちらが教えているような形になった」らしい。もっとも、遠藤にとってマンタはこれが初めてではなかった。

この時からちょうど一年くらい前にイタリアからマンタの売り込みがあり、その価格が余りにも安いことから、非常にちゃちなものだろうと判断された。実際に現物を見ると、外殻はFRPでできたもろい構造で、日本の防衛装備品の基準からすると、とうてい受け入れられない水準と考えられた。だからマンタが恐れられているのは、性能が未知数なために攻め方が分からないこと、外殻がFRP製であるためソーナーで探知しにくいと想像される点などであり、見つけてしまえばそれほど恐るべき相手ではないというのが遠藤の見方であった。

とはいうものの、初のお目見えであるマンタの存在に加え、先のMDA-7とは比較にならない難所のMDA-10での作業は、七月二八日、イラン海軍連絡士官二人の「はやせ」着任を待って開始された。

二九日午前、日米合同の作戦会議でもマンタの存在が話題に上り、これを受けてこの日午後に開かれた日本掃海部隊内部での研究会では、マンタの探知訓練を別に行なうことが決まった。

かつての日本海軍には〝指揮官先頭〟の伝統があったが、落合もこの伝統にならって七月三〇日には掃海艇「さくしま」に乗って作業現場を検分した。そして、この日から八月一日にかけて、探知目標一四個という大きな成果を挙げた。

日米の担当海域はMDA-10を北緯二九度三〇分で分けて南側半分をアメリカ、イランに近い外交的にもっとも難しい北側半分を日本の担当となっていたが、そのもっとも北寄りの部分に四〇〇メートル間隔に敷設されていた機雷の列線にぶつかったせいであった。

元来、機雷はフネか航空機によって敷設されるが、フネの場合は走りながら落としてゆくので、敷設線はどうしても一直線となり、その線を見つければ後は芋づる式に見つかるというわけで、八月一日までの集中的な機雷探知がまさにそれであったが、後に控える確認潜水は、前述したように海中の状態がひどく悪いため困難をきわめた。

「潮流が二ノットもあり、海底付近は巻き上げられた砂のため視界はほとんどゼロで、自分の手も見えないほどだった。潜水作業とはいっても、流れが速くてまともに泳げないため、海底に這いつくばり、ナイフを砂にさして身体を保持し、手探りで機雷の捜索に当たった。

ソーナーで探知した機雷にはゴムボートからロープでマーカーを下ろしてもらい、処分員（EOD）はこれを基点に捜索したが、視界が悪い上に水中メガネをしているので、前方の狭い部分しか見えず、うっかりすると頭や足が突き出した機雷の触角（信管部分）に触れかねない。そこで水中では一人が作業、一人が安全監視を分担したが、それでも誤ってナイフを機雷にコンと当ててしまうこともあった。音響機雷はこうした〝単発〟の音には感応せず、エンジンのような連続音でなければ感応しないから大丈夫と分かっていても、『もう一度音を出したら終わりだ』と思い、身が縮んだ」

掃海艇「さくしま」処分士渡邊明洋一尉は、「湾岸の夜明け」作戦・全記録（朝雲新聞社刊）の中でそう述べている。

こうして苦労の末に発見確認した機雷ではあったが、海底を走る石油パイプラインの破裂を避けるため、その場で爆破処理はしなかった。ＥＯＤが携行した方向性の強い小型爆薬を機雷の傍で爆発させ、発火装置のみを破壊＝無能化した上で空気を抜いたバルーン（風船）を機雷に取り付け、圧搾空気で膨らませて、沖合いの安全な海域まで移動する二重の作業を必要とした。

この日、アメリカ掃海部隊旗艦「メリル」で合同作戦会議が開かれ、翌八月二日にアメリカ海軍と共同で一二個を一気に処分することになった。その二日は早朝から各艇とも前日までに探知した機雷処分の準備についやし、掃海部隊にとって処分第一八号となる「さくしま」の第一発目を皮切りに、一一五二（午前一一時五二分）から最終となる第二九号の一七五七（午後五時五七分）まで、ざっと六時間ほどの間に一日の処分数としてはこれまでで最高の数字を達成して、いずれも最終処分のため、アメリカ掃海部隊のＥＯＤに引き渡された。

「機雷には二キロのプラスチック爆薬を仕掛ける。点火用の仕掛けがまずいと不発となり、あとの処理がきわめて危険な上に、何よりも士気にかかわる。だから私の場合、潜水作業よりも爆薬のキット組立の方が緊張し、それが予定通り爆発して処分が成功した時は、嬉しい

というよりホッとしたというのが真実だった」（前出、渡邊一尉）

なお、この時の機雷の無能化に使われた小型爆薬キットは、「さくしま」処分士の渡邊一尉らが、自分たちが飲んだミネラルウォーターの空容器の中にC-4火薬を詰めて信管を付けて密封し、自転車の荷台などに使うゴムのロープで機雷の信管部分に引っ掛けるようにしたもので、派遣期間中に掃海部隊内部で生み出された数多い現地での創意工夫の一つであった。

ちなみに、八月二日の各艇の機雷処分数はつぎのようになる。

第一八号、第一九号、第二二号、第二四号　「さくしま」
第二〇号、第二一号、第二五号、第二七号　「ひこしま」
第二三号　「ゆりしま」
第二六号、第二八号、第二九号　「あわしま」

これを各艇ごとの〝戦果〟とするなら、「ひこしま」と「さくしま」がそれぞれ四個、「あわしま」が三個、「ゆりしま」が一個ということになるが、心おだやかでないのは〝戦果〟一個の「ゆりしま」乗員たちで、艇長の梶岡も、「ペルシャ湾で最も憂鬱な日」とこの日の日記に書いている。

MDA-10では、北から順番に四隻の掃海艇に対して担当海域を割り振っていたが、たまたま機雷が多く存在する海域に当たれば、当然ながら処分数は増える。したがって、処分数の多い少ないをうんぬんするのはあまり意味のないことなのであるが、ホームランを何本打ったかが何かと話題になるように、機雷の処分数の多寡が技量に関係があるように思われるのが辛いのである。

一日で一二個処分という大戦果を挙げた翌日の八月三日は、新しい海域での機雷探索が行なわれたが、今度はおあつらえ向きな機雷敷設線などの発見はなく、各艇とも探知はさっぱりだった。その代わり、前日まで独り大漁から取り残された感のあった「ゆりしま」が、マンタ発見という大金星を挙げ、掃海部隊はふたたび沸いた。

この日、「ゆりしま」の探知員山下一美曹長、城下満志三曹のコンビが発見した機雷らしき映像は、浅い海底の溝のようなくぼみにあり、ソーナーの映像はこれまで多く処分されたUDMと明らかに違うところから、もしかすると初のマンタでは？　の期待と緊張が「ゆりしま」艇内を走ったが、まだ断定するのは早い。以前、マンタらしき映像をキャッチしたとき、それがゆっくり動くのでEODが潜って確認したところ、大きな海亀だったというようなことがあった。しかし、藤本昌俊二尉以下の「ゆりしま」EODによる確認潜水の結果、間違いなくマンタであることが分かった。

それにしても、機雷本体の外殻部分が金属にくらべて材質が柔らかいFRP（プラスチックの一種）でできているマンタは、音響による探知がきわめて難しく、それがうまく探知できたのは多分にラッキーな面があった。

プラスチックの外殻を持ったマンタは、倉庫などでの格納用あるいは運搬用などに必要なアルミ製のトレー（台座、浅い容器）が機雷本体の底についていて、敷設する際にはそれを外さなければならないのを、なぜか外さないで設置してしまったため、そのトレーの金属部分がソーナーに反応して存在が分かった。それも普段ならばたとえ探知しても見逃してしまうような映像であったが、かならずあるという情報で特に入念に探索したという幸運が重なったもので、「ゆりしま」にとってはMDA-10での大きな二発目の処分となった。

このことに対し、派遣部隊指揮官の落合は、一二個を処分した前日の全隊員に対するメッセージに続いて、この日、とくに「ゆりしま」につぎのようなメッセージを送り、その功を称えた。

「祖国を離れて以来百日目の記念すべき本日、本掃海作業でもっとも発見が困難にして危険なマンタを第三十番目の機雷として探知したことは、まことに見事である。この難敵を見出した『ゆりしま』に、ここに深い賞賛を送ると共にその労を多とする。（後略）」

これに対して当の「ゆりしま」艇長梶岡は、「落合さんは機会を捉えてはこうした賛辞を贈り、士気を鼓舞したが、少し気落ちしていた時だっただけに本当に嬉しかった」と、往時を回想するが、実は八月三日には「ゆりしま」だけでなく、「ひこしま」もマンタを探知していた。

「ゆりしま」のマンタ第一号に続いて無能化処分が行なわれたが、確認潜水の結果、無能化が不十分と判断されたため、翌四日、ふたたび無能化処分が行なわれた。末永貢三尉以下の「ひこしま」ＥＯＤたちにとっては、生命の危険と背中合わせの息詰まるような作業であった。

ここで日米共同の掃海作業にあたって、精神的にも技術的にも心強い仕事仲間だったアメリカ海軍のEODたちについて、少し触れておきたい。

当時、わが海上自衛隊で使われていたEOD用潜水具は、呼吸時の排出呼気の半分を水中に出し、半分を潜水具の中で循環させる半閉式潜水具だったが、これでは音に感応する機雷、特にMDA-10に存在すると予想される高性能機雷マンタに対して危険であるとのアメリカ海軍のアドバイスから、日本側は機雷捜索を担当し、処分は呼気をまったく外に出さないで潜水具内で循環させる全閉式潜水具を使っているアメリカ海軍EODの協力を仰ぐことになった。

アメリカ海軍EODともっとも密接な共同作業を行なった掃海艇「ひこしま」の記録によると、「ビビ」と呼ばれるアメリカ海軍のチャーター船からアメリカのEODを移乗させて共同作業を実施、終わって夕方「ビビ」まで送るという日課を、MDA-10の作業が終わる前日まで、一日の休養日を除き六日間実施している。そしてマンタの無能化に際しては、アメリカ海軍EODチームの指揮官（大尉）と「ひこしま」の処分士末永貢三尉が、このもっとも危険な潜水作業を一緒にやっている。

アメリカ海軍のEODは七〜八名で一個チームが編成され、特定の掃海艇に所属することなく直接司令部の統制のもとに作戦を行なっていたが、彼らの作業ぶりについて「ひこしま」の新野艇長は、

「少佐または大尉を指揮官としたきわめて優秀な集団で、まさにEODのプロという感じだった。特に指揮官は若いながらも冷静沈着、部下をよく掌握し、部下から絶大な信頼を得ているように見受けられた」

と語っている。

「はじめの頃は動作も緩慢に見え、機雷処分のための準備や処分作業にかなり時間がかかったので、艇長とし"Hurry up!"と作業を急がせたことがあった。しかし、彼らがゆっくり作業をするのは決してサボっているのでもなければ、練度が低いせいでもなく、急ぐ必要のない時は、安全確実に作業を実施するということらしいと気付いた。若気の至りであった」

と、「あわしま」の桂艇長は往時を回顧する。

三、難関に挑んだ勇者たち

「機雷に向かって行くEODの恐れとは別に、自分たちが乗っているフネがいつ機雷に触れるか、もし触れたら死ぬかもしれないという恐怖が他の隊員たちの意識の中にもつねにあり、そのストレスが原因で消化器系統の患者が急増した」（医務長妻鳥三佐）

「水深が浅く、しかも高性能でソーナーによる探知もきわめて難しいといわれたマンタ機雷のことが常に念頭にあり、この海面での行動ほど神経を使ったことはなかった。特に『ひこしま』が最後に処分した二個目のマンタは初めのうち探知できず、後から振り返ってみると、その存在した場所のすぐ近くを何回も通過していたことがわかり、よく蝕雷もせず、部下も失わずに済んだものと、今でも思い出すとゾッとする。
ＭＤＡ-10の付近海面は、先のイラン・イラク戦争当時の破壊された石油ターミナルや、空爆か機雷で爆沈して舷を傾けた姿を水上にさらした巨大タンカーなどが散在する荒廃した海だった。そんな海域で与えられた任務を怯むことなく、勇敢にやってのけた乗員たちには今でも頭が下がる思いだ」（新野「ひこしま」艇長）

日米掃海部隊が協力し合っての危険なＭＤＡ-10での作業も、大きな成果を挙げながら終盤に差し掛かろうとしていた。もう掃海もやり尽くした感じで、それらしい映像も見られなくなった。しかも干潮時には水深が五メートル前後となって、いかに小型の掃海艇といえども思うように動けない。そこで幾らか水深が深くなる満潮時を利用して入って行き、ソーナーで探知可能な限界までフネを寄せ、それから先はＥＯＤが潜って探すというギリギリの作業が続けられた。

そんな厳しい作業が数日続いたあとの日米双方が休日となった八月一〇日、日米親善スチールビーチパーティーが開催された。スチールビーチは、軍艦の甲板を浜辺に見立てた文字通り鉄の浜辺で、八一五〇トンの補給艦「ときわ」の広い後甲板がパーティーのメイン会場となった。

危険海域の外側に投錨した「ときわ」の右舷に掃海母艦「はやせ」が、左舷にアメリカ海軍の「メリル」が横付けし、さらに「はやせ」の外側に「ガーディアン」などアメリカ掃海艇五隻、「メリル」の外側に日本掃海艇四隻が、まるでスクラムを組むように密着して錨泊した。

日暮れにはまだ間がある午後五時半ごろ、パーティーは「ときわ」の飛行甲板上で行なわれた日米両指揮官落合一佐、ヒューイット大佐による「鏡開き」で始まった。アメリカ人たちにとってこの行事はよほど珍しいのか、〝アラビアンブラザー〟のご両人が木槌を振り下ろすたびに盛大な拍手と歓声があがった。

万国旗や日本式の提灯が下げられた広い甲板上には、日本側の焼そば、焼き飯、バーベキューなど、アメリカ側のハンバーガー、スペアリブなどそれぞれ持ち寄った食べ物が並び、アメリカの人たちにとっては珍しいカラオケなども、パーティーを盛り上げた。

それに加えて普段、彼らが艦上では口にできないアルコールの飲み放題とあって、もはやそこには国や言葉の違いなど関係なかった。機雷という共通の脅威に立ち向かってきたという仲間意識が、手振り身振りだけで十分に意を通じさせ、最後は互いに肩を抱き合い、シャツを脱いで交歓し合うという光景があちこちに見られた。そんなところから夕方始まったパーティーは、午後十時ごろには終わるはずが明け方の四時ごろになってしまった。

大成功のパーティーであったが、これには伏線があった。

アメリカ海軍では、艦内ではアルコールは一切口にすることはできない。日本の海上自衛隊でも基本的には同じだが、長期間洋上にいて激しい勤務が続くような場合に限って許されることがある。ただし、この場合でも海上幕僚長の許可を必要とする。

派遣部隊指揮官の落合は、出発前に佐久間海幕長に会った際、「今度の仕事は大変に厳しい上に暑いので、士気高揚のため週一回の休養日前夜、巡検が終わったあと艦内で飲めるようにしていただきたい」と申し出て許可を得ていた。

アメリカ掃海部隊の人たちも、この時のスチールビーチパーティーがよほど気に入ったらしく、それ以来、落合は「またあれをやろう」としばしばせがまれるようになったという。

楽しく、盛大だったスチールビーチパーティーから一日置いた八月一二日、部隊の日程が再開されたが、この日からクウェートに通じる航路帯の拡大作業が加わり（作業名QCS-305）、森田良行司令の第14掃海隊「ひこしま」「ゆりしま」の二隻が支援の補給艦「ときわ」とともに分派されることになった。

部隊としてはペルシャ湾に派遣されて以来初めてのことであったが、一五日からは第20掃海隊の「さくしま」も加わって三隻による掃海を実施して航路の安全が確認され、一七日までに一〇〇〇ヤード（約九〇〇メートル）の航路拡大を果たした。

一方、この間にMDA-10に残って作業を続けていた「あわしま」が一三日に部隊としては第三二号となる機雷処分を、続いて翌一四日にも「あわしま」と、QCS-305に派出される前の「さくしま」がそれぞれ一個ずつの処分に成功した。いずれもソ連製の係維機雷LUGM145で、先のMDA-7での一七個と合わせて処分機雷数の総計は三四個となった。

「潮流一ノット以上での潜水作業は、EODが流されて前に進むことはもとより、自分の位置を保つのが精一杯だった。そこで私は潮流が止まる時刻を予測して待ち、その前後の二時間以内に潜水作業を実施するようにEODを甲板上に待機させた。じっとその時を待つ間、早く作業を開始したいという気持と安全との板ばさみだったが、三三～三四個目の機雷もこうした安全への十分な配慮と我慢の結果、処分が達成された。

夕日を背景に一〇〇メートル以上も上がった水柱を見ながら、現場指揮官としての任務を達成した満足感にひたることができた」

第20掃海隊司令として、「あわしま」に乗って指揮にあたった木津宗一二佐の回想である。

こうして、その一個一個に様々なドラマを残して消えたわが掃海部隊三四個の処分機雷であるが、これらのうちリモコン式の無人機雷処分具S-4が使われたのは最初のころの六個だけで、その後、全面的にEODによる有人処分に移行した。しかもS-4による処分のうち一個は失敗して殉爆しなかったため、後からEODによる直接処分が行なわれたので、全処分機雷三四個のうち実に八五パーセントにあたる二九個はEODが直接処分したことになる。

一隻の掃海艇には四人のEODが乗っていて二人ずつのチームを組み、まず二人が確認、潜水をして機雷とわかると敷設状況などを調べ、つぎに炸薬や導爆線を持った二人が潜って機雷にセットする。

はじめの頃はかなり緊張したが、作業そのものは日本での訓練と同じであり、そのうちに慣れて同僚が撮影するテレビカメラに向け、片手で角のように突き出したセンサー部分を摑(つか)

み、空いた手を挙げてポーズする剛の者も現われた。この触覚は折りさえしなければ安全とはいえ、さすがにこのビデオを見た落合も肝をつぶして、それだけは止めるよう伝えたという。

なお、各掃海艇にはグループの長である処分士を含め、それぞれ四名のEODが配置されていたが、掃海母艦「はやせ」に乗艦していた司令部要員の中にも九名のEODが配置されていて、必要に応じて各掃海艇に派遣されて四名の固有メンバーと一緒に作戦を行なっていた。以下、合わせて二五名となる、機雷処分の最前線で戦ったこの勇者たちの名前である。

「ひこしま」　末永貢三尉（処分士）、坂本源一一曹、山中健一一曹、松川秀樹三曹
「さくしま」　渡邊明洋一尉（処分士）、田邉秀夫一曹、金井通男二曹、橘利至三曹
「あわしま」　富永直則二尉（処分士）、柳沢弘行一曹、青山末広二曹、北賢司士長
「ゆりしま」　藤本昌俊二尉（処分士）、岩切道幸曹長、坂口勘十三曹、薙野英樹士長
「はやせ」　中川勝信一尉（司令部処分班長）、清松淳曹長、山崎茂一曹、小川新二一曹、平野正哉二曹、高見耕司二曹、大庭章成三曹、波多野成美三曹、姫路峰佳三曹

四、友邦イランの歓迎

ＭＤＡ-7、ＭＤＡ-10と続いた日米掃海部隊の共同作業も終局を迎えつつあった八月一八日、前月二八日以来「はやせ」に乗り込んでいたイラン海軍の連絡士官二人が退艦し、翌一

九日にはアメリカ海軍の連絡士官ストーフ大尉も退艦して、「はやせ」から外国士官三人の姿が消え、入れ代わりに六月四日以来八〇日近くもアメリカ掃海部隊の旗艦に連絡士官として派遣されていた奥田宗光一尉が戻って来た。

日本、アメリカ、イラン。外交的にそれぞれ異なる関係にあったこの三国の間柄を象徴する出来事が起きたのは、この後であった。

日本の掃海部隊が最後に残された機雷危険海域MDA-10での作業を開始しようとしていた七月下旬、イラン政府からMDA-10における日本の掃海作業の要請を受け入れる旨の七月二〇日の同意に続いて、わが掃海部隊の同国バンダル・アッバーズ港への寄港要請の申し入れがあったのである。

それは、「イラン国民とイラン海軍は、日本海軍掃海部隊のイラン訪問を国を挙げて歓迎する」という丁重なもので、わが掃海部隊のMDA-10における作業が何の問題もなかったことを示すものであっただけでなく、イランの日本の掃海部隊―海上自衛隊―ジャパニーズ・ネービーに対する最大の好意と友好の意思の現われであった。

イラン側からのこの申し入れに対し、現地派遣部隊としてはもとより異存はない。外務省と防衛庁は外交上の観点からこの要請を受け入れることとし、その日をMDA-10での作業が終わったあとの八月二二日から二四日と決めた。

八月二〇日、この決定に従ってMDA-10とQCR305に分かれて作業していた「はやせ」「あわしま」と「ときわ」及び「ひこしま」以下の掃海艇三隻は、午後二時に洋上で合流したのち、久しぶりに六隻の単縦陣で南下し、イラン南部の海軍基地バンダル・アッバーズ港を目指した。

バンダル・アッバーズはペルシャ湾の入り口に近いホルムズ海峡北岸の、南北に横たわるケシムという細長い島との間の狭い水道の奥にあり、難しい航路であるところから、イラン海軍ははやばやとエスコートの艦を派遣し、港に近づくとさらにもう一隻が加わるという厚遇ぶりを見せた。

その夜は港外に仮泊したが、そこで見たのは、イラン・イラク戦争の際にイラク空軍戦闘機によるミサイル攻撃で沈められた商船の残骸で、水面に突き出している赤茶けたマストとブリッジから八隻が数えられ、八年にも及んだ戦争の生々しい傷跡をのぞかせていた。

翌二二日午前九時過ぎ、大勢のイラン海軍関係者、河村悦孝在イラン日本大使館公使、在留日本人会代表、駐在武官宮本一等陸佐、バーレーンからやって来た田中聡防衛庁部員などの出迎えを受け、「ときわ」「はやせ」掃海艇の順に接岸したが、その前に狭い係留施設の間を通過する際、偶然にも興味ある光景を見てしまった。

「イラン・イラク戦争の際、ペルシャ湾で暗躍した国籍不明のミサイルボートと思われる小型舟艇が、目の前の土手に三〇隻ほど並べられているのを見て、今も騒がれている危険な国籍不明の不審船の正体は、まさしくこれであることが分かった」（「ときわ」艦長両角一佐）という。

入港後は、これまでの初寄港地と同様、落合以下の派遣部隊幹部は、イラン海軍関係者への表敬、そしてそのお返し、乗員たちはイラン海軍が用意したバスで市内見物に繰り出すなど多忙をきわめたが、その日の夕方、イラン海軍軍艦の後甲板で開かれた艦上レセプションでは、イラン海軍士官たちから、それまでまったく知らなかったイランの人たちの考えや信条に接し、強い感銘を受けた。

ローマ帝国よりはるか前の紀元前五百年前後、東はインド、西はバルカン半島、北はコーカサス、南はエジプトにまで及んだ大ペルシャ帝国を築いたのは、イラン高原に住むペルシャ人たちだった。しかし、紀元前三三〇年に稀代の英雄マケドニアのアレキサンダー大王に滅ぼされるという古い興亡の歴史と文化を持つイラン人たちは、誇り高い民族だった。

「われわれはペルシャ人であって、アラブ人ではない」

艦上でホスト役をつとめたイラン海軍の士官たちからそんな声も聞かれたが、彼らは誇り高いだけでなく、パーティーに招いたジャパニーズ・ネービーの士官たちに素晴らしいホスピタリティーを発揮し、「アルコール抜きのパーティーなんてどんなものになるのか」との、事前の懸念を払底する心配りを見せてくれた。

二日目の二三日は、造船所などイラン海軍の各種施設見学、両国海軍海曹同士の交歓会などの一方で、このイラン滞在中の最大のイベントとなったイラン中部の古都シラーズの史跡観光が実施された。

シラーズは紀元前のアレキサンダー大王の東方大遠征にゆかりの地で、当時の遺跡が残るイラン高原の中のこの都市まではバンダル・アッバーズから直線距離で約四五〇キロ、東京と浜松くらいの距離だが、史跡観光に参加した首席幕僚宮下一佐以下の隊員たち（艇長以上の指揮官は除く）はイラン空軍が用意したスチュワーデスの乗るジャンボ輸送機二機で運ばれ、空港に降りると、そこには赤い絨毯（じゅうたん）が敷かれ、州知事が出迎えるという国賓並みの待遇だった。

このあと、副知事主催の贅を尽くしたペルシャ料理の昼食会は、二千年以上も前のため息の出るような史跡とともに、このツアーに参加した隊員たちにとって忘れられない思い出となったが、それ以上に印象的だったのは、日本人の隊員たちに対するイラン人たちの温かい目であった。

「どこに行っても、にこやかな微笑みで迎えてくれる子供たちをはじめ、イランの人たちは本当に親切だった。初めてのイランに親しみを感じたのは、私だけではなさそう」と、隊内新聞「たおさタイムズ」編集長の広報幕僚土肥修三佐が紙上に書いているように、イランの人たちの日本及び日本人に対する思いには格別のものがあったようだ。

日本ではイラン・イラク戦争が四年目となる一九八三年にテレビドラマ「おしん」が大ヒットしたが、これがイランでも大人気で、上陸した隊員たちが街を歩いていると、「おしん、おしん」と指差される始末で、市内観光の案内をしてくれたイラン海軍士官は派遣部隊医務長の妻鳥元太郎三佐に対し、「イラン・イラク戦争のとき、ペルシャ湾を航行する外国船舶に攻撃を仕掛けたが、日本のフネにはしなかった」と、日本への格別の思いを打ち明けた。

二三日は午後七時から、前日のイラン海軍主催の艦上パーティーへのお返しパーティーが開かれたが、その準備が一苦労だった。日本式だと甲板上に紅白の幕を張ったり、テーブルに料理や酒を並べ、BGMを流したりして来客を待つが、事前に聞いた河村公使のアドバイスによると、肉はもとより禁酒国のイランでは酒はもちろん駄目。それに、BGMもふしだらな放歌高吟にあたるからいけないという。すでに前日経験済みとはいえ、自分たちが主催する立場になってみると、果たしてどんなパーティーになることやら。

そんな懸念をよそに、艦上パーティーは静かに始まり静かに終わったが、前夜のパーティーで見せたイラン海軍士官たちの素晴らしいホストぶりが、改めて思い出された。それにしても禁断の肉料理の代わりにご馳走のつもり出した海老やタイが、イランでは日本でのイワシ並みの大衆魚であるなど、何かにつけて文化、宗教、習慣の違いを教えてくれた艦上パーティーであった。

この艦上パーティーを通じて落合がもう一つ気づいたのは、イランの政治体制がかつてのソ連が共産党員優位であったように、聖職者が上位にあるのではないかということだった。パーティーの際、「はやせ」の舷門を一番先に上がってきたのはターバンを頭に巻いたイスラム教の若い僧侶で、軍人で最上級者の第一軍管区司令官イーサディー准将は、その後ろに従っていたし、パーティーの席でも准将が何かとその僧侶に気を使っている様子がうかがわれた。

たまたまその僧侶と話す機会を持った補給艦「ときわ」艦長両角一佐は、思いがけない日本讃美の言葉を聞かされ、イラン側が厚遇する理由の一端が分かったような気がした。

イランと日本とは東洋の西と東に位置している。その日本をイラン国民は良く理解し、国を繁栄させるお手本として日本人を尊敬しており、現にイランの教科書には、日本についてつぎのように書かれているという。

「日本は大国ロシアと戦い、東郷元帥の率いる日本艦隊はロシアのバルチック艦隊を壊滅させた。また、第二次世界大戦では連合国に負けて焦土と化した国土を立派に復興させ、世界第二位の経済大国に発展させた。イランも日本人を見習い、国土の発展に尽くさなければならない」

さらに彼は言葉を継いで、「今回の日本海軍の招待は、イランはこれからも日本と協力し合って両国が発展することを望んでいる証であり、日本の発展に必要な石油、天然ガス、ウラン、ボーキサイトなどは日本が必要なだけイランから供給できる。ついては、イランの子供たちが国家の発展に尽くすために必要な日本の技術を提供して頂きたく、ペルシャ湾での作業を終えて帰国されたら、一人でも多くの日本の皆さんにこのことを伝えて欲しいのです」と、心の内を明かした。

イラン海軍の人たちの言動を通じて感じたイランの国家像について、派遣部隊指揮官の落合は、こう語る。

「明治時代の日本がそうであったと想像されるが、国家の体制を変えた革命、それに続く八年にわたったイラン・イラク戦争、そしてアメリカをはじめ西欧諸国との外交がすべて途絶えた苦しみに耐え、何とか富国強兵を実現して一流国と肩を並べようという国づくり、海軍づくりの強い精神的バックボーンが一本通っているなという感じを受けた。だからMDA-10の作業のときの連絡士官をはじめ、出会うイラン海軍の人たちがいずれも生まじめで軍規厳正だったが、それは上級の士官たちだけでなく、一水兵にも及んでいた」

それはイラン滞在二日目の出来事。イラン海軍の招待によるシラーズ遺跡の観光は、落合が指揮官として行くべきところ、都合で首席参謀の宮下一佐に代わってもらった。派遣期間中しばしば悩まされた歯ぐきの痛みが再発し、治療と安静を医官から宣告されたからで、夕方の「ときわ」艦上でのパーティーまで艦内で静養となった。

イラン海軍は落合の滞在中、自由に使えるよう公用車を一台用意してくれたが、この日は外出の用がなくなったので、車の運転手の水兵に、「今日は外出の予定がないので帰ってよろしい」と伝えたところ、少年のようなその若い水兵は、「これは自分の仕事だから」といって、酷暑もいとわず一日中待機していたという。

二日間にわたったイラン・イスラム共和国の親善訪問をほぼ予定通り終えた派遣部隊は、二四日午前、「はやせ」「ときわ」掃海艇の順に、大勢のイラン海軍関係者、在イラン日本大使、在留邦人たちの見送りの中、岸壁を離れて次の寄港地バーレーンのミナ・サルマン港に向け航行を開始したが、実はこの派遣部隊のイラン訪問には日米間に微妙なあやがあった。

外交交渉を通じてイラン政府からのバンダル・アッバーズ寄港が正式に決まったころ、時を同じくしてアメリカ中東艦隊司令官からクウェートのアル・シュワイク港開港記念祝典に参加する話が寄せられていた。各国から掃海艇を二、三隻ずつ出して一緒にお祝いしようという話だったが、わが派遣部隊は、イランからのバンダル・アッバーズ寄港要請を受け入れる国の方針に従うことになったため、アル・シュワイク港の開港記念行事に参加できなくなってしまった。

落合指揮官以下のわが派遣部隊六隻は、アル・シュワイク港の祝典参加のため北に残るアメリカ掃海部隊と別れ、イランのバンダル・アッバーズ港を目指して南下したが、このことで落合は、後から「イランでのホリデーは如何でしたか?」と、皮肉とも羨望ともつかぬ質問を受ける羽目となった。

「国の命令だったとはいえ、この時は大親分の意に反してケンカ相手のところに挨拶に行ったような気分で、いささかバツが悪かった」と落合は回想するが、本当の国際性とは、こうした経験を積み重ねながら育って行くものであろうか。

第六章――国益に叶う

一、クウェートの感謝

八月二五日午後、掃海母艦「はやせ」及び四隻の掃海艇は、イランのバンダル・アッバーズから三〇時間の航行の後、バーレーンのミナ・サルマン港に入港した。前回から数えて約八週間ぶりの寄港だったが、ヨーロッパから来ていた掃海部隊がいなくなり、広い埠頭はひっそりしていた。

思えば六月初旬にMDA-7で作業を開始し、一ヵ月後の一週間の整備、休養をはさんで七月二〇日まで同海域で作業を続け、引き続いて七月下旬にはまだ手つかずだった最難関のMDA-10に入り、合わせて二ヵ月半に及ぶ機雷との苦闘の末の再入港であった。

一つの大きな区切りの入港とあって、二六日は午前中、市内のリーゼンシーホテルで落合指揮官の記者会見があり、夕方からはこの寄港中の大切なイベントの一つである在留邦人を招いての艦上レセプションが開かれた。

MDA-7での掃海作業の中休みで、初めての休養をバーレーンでとった際、在バーレーン日本人会が主催して一大歓迎パーティーを開いてくれたことがあったが、そのリターンパーティーでもあり、開会時刻の午後七時には主賓の小串在バーレーン、恩田在サウジアラビア両大使をはじめ、懐かしい日本人会の人たちが続々と集まって来た。

飲み物、食べ物はもとより、会場の雰囲気を盛り上げるBGMの曲の選択から子供の世話係まで、ホストを勤める隊員たちの努力の甲斐があって、会場となった掃海母艦「はやせ」の飛行甲板は、賑やかな談笑の渦に包まれた。また会場には、女の子の可愛い浴衣姿も見られ、故国に残して来た家族を思い出してか隊員たちのカメラフラッシュがさかんに光り、ペルシャ湾の夜を彩った。

広い岸壁をほとんど独り占めした感のある二度目のバーレーン入港は、在留邦人を招いての艦上レセプションのほか、リーゼンシーホテルでのテニス、水泳大会、それにらくだの背中に乗っての砂漠ツアーなど、隊員たちは思い思いに束の間の休息を楽しんだ。

二九日まで休養と整備に過ごした派遣部隊は三〇日午後、小串大使らの見送りを受け、思い出いっぱいのミナ・サルマンを出港、次の作業地となるクウェート沖の海面に向かった。三一日夜、作業現場に到着した部隊は、物資補給に行っていたドバイから戻った補給艦「ときわ」と合流して、九月一日から作業を開始した。

これまで部隊が作業をやって来たMDA-7、同-10などは、機雷が敷設されていると認められた危険海域であったが、今度のは船舶が航行する水路（ボックスE）を一〇〇〇ヤード広げるのと、引き続いて船舶が荷待ちや入港待ちをする錨地（ボックスC）に機雷など危険物がないことを証明する安全確認の作業だ。

従来の作業にくらべて危険は少ないとはいえ、クウェートの港に出入りする船舶の安全確保に必要なもので、まさにクウェートの復興に貢献する仕事である。

遠くに黒煙を上げる油井の火災を見ながら、これこそ本当の国際協力だとの思いを強くしながらの作業となった。

ボックスEでの航路拡張作業は一日で終わり、続いて錨地の安全確認をするボックスCでの作業も二日半で終えた「はやせ」以下五隻の艦艇は、四日午後、作業海面を離れ、夕方の五時、クウェートのアル・シュワイクに入港したが、この派遣部隊のクウェート入りには日本、クウェート両国間の微妙な思惑のズレがあった。

派遣部隊がまだMDA-10での難しい作業に取り組んでいた八月上旬、バーレーン訪問中の黒川剛在クウェート日本大使から派遣部隊指揮官落合一佐に、部隊のクウェート寄港の可否についての打診があった。

このため外交ルートによる正式な寄港要請を前提としながら、掃海作業全体の進み具合からして一応、九月四日から六日まで補給艦「ときわ」を除く五隻をアル・シュワイク港に寄港させることで計画を進めた。

ところが、外交ルートによる招請がいっこうになされる気配がないので、海幕から外務省を通じて督促してもらったところ、クウェート沖での作業が終わる前日の夕方になってやっと正式の招請が届き、派遣部隊のクウェート訪問が実現した。

初めての訪問国であるクウェートは、湾岸戦争でイラクの侵略を受けた当事国であり、港に近づくにつれて痛ましい戦禍の跡があらわとなり、〝戦争の狂気〟を予感しながらの入港となった。

岸壁には黒川大使以下の日本大使館員、大勢のクウェート海軍関係者たちが出迎え、翌五日は国軍参謀総長、海軍司令官、艦隊司令官への挨拶などの公式行事の一方では、クウェート政府の手配で隊員たちは三回に分かれて市内見学を実施したが、市街の至るところに見られる破壊された建物に戦争の爪あとを見た。

しかし、よく見ると市街は完全に破壊するのではなく、後で自分たちが使える建物は残しておくという、映画などで見る市街戦の様相とは異なる、事前に充分に計算された侵略である様子がうかがえた。

その代わり、撤退に際しては水道の蛇口とかテレビといったものまで全部持ち去られ、「一体、これは戦争なのか略奪なのか」と首を傾げざるを得ない侵略者たちの所業の一端が見られたが、隊員たちが本当の戦争の狂気を知ったのは、折から博物館で展示されていた写真を見たときであった。

そこにはイラクがクウェート国民への残虐行為に使った凶器とともに、それによって殺された人々の写真が沢山展示されていたが、殺したあと、さらに死体にまで手を加える残忍な所業には隊員たちも言葉を失った。

略奪と憎しみ。戦争の悲惨さと愚行の実体。そしてそれをイラクから受けたクウェート国民の悲しみを肌に感じての、気の重い市内観光となった。

同じ九月五日、派遣部隊指揮官落合一佐は、多忙な時間の合い間を縫ってクウェートとイラク国境付近に設置された国連停戦監視団司令部(UNIKOM)を表敬訪問した。当時、両国の国境線に沿ってクウェート側五キロメートル、イラク側一〇キロメートルの非武装地帯が設けられ、二六箇所の停戦監視所で、それぞれ中佐を長とする五名のチームが一週間交替で停戦監視業務に従事していたが、砂漠という劣悪な環境下で緊張の連続を強いられる、この作業から帰って来る隊員たちが一様に憔悴し切っていたのを落合は見た。そして、

「規模の大小、期間の長短は問わない。一人でも二人でもいい。できるだけ多くの国から、少しでも多く参加してくれれば皆が助かる」

という停戦監視団司令官をつとめるオーストリア陸軍ギュンター・グラインドル中将の痛切な言葉が、強く落合の胸を打った。

この国連停戦監視団に隊員を派遣している国は約三五ヵ国だったが、意外だったのはアメリカ、イギリス、フランス、カナダなどの先進諸国に混じって、フィジー、ナイジェリアといった国の名が見られ、しかもそれらの国が立派に国際貢献をしていると高く評価され、かつ感謝されていたことだった。

「命の危険を冒すのはそちらに任せるから、こちらは金を出そう、では済まされないのが国

際社会の通念であり、互いにスクラムを組んで、額に汗を流して共にリスクを分かち合おうというのが本当の国際貢献であることを痛感させられた」（落合）

とはいえ、わが派遣部隊のクウェート沖の作業とアル・シュワイク入港は、クウェート政府およびクウェート国民の日本に対する評価を変えた。

以前、クウェートが湾岸戦争終結直後に、アメリカの新聞ワシントンポストの全面を使って謝意を表した広告を打ったことがあり、それにはクウェート解放に貢献したすべての国の国旗が載っていたが、総額一三〇億ドルの戦費を負担した日本の国旗はなかった。しかし、わが派遣部隊がクウェートに入港した時に目にしたTシャツには、しっかりと日本の国旗が加えられていた。

“Show the flag !”目に見える貢献の大切さを改めて痛感させられた、クウェート沖での作業とアル・シュワイク寄港であった。

「クウェート国民及びクウェート政府は祖国の解放一周年と三一回目のナショナルデーを迎えるにあたり、日本国民および日本政府がクウェートの正義に寄せられた揺るぎない支持と多大の貢献に対し、改めて心からのお礼と深い感謝の意を表します。　クウェート国民、クウェート政府」

掃海派遣部隊がペルシャ湾から帰ってからざっと四ヵ月が過ぎた平成四年二月末、クウェート政府は国民と共同の名で、「心からのありがとう　クウェートから日本の皆様へ」と題する全ページ広告を読売新聞紙上に掲載し、併せてペルシャ湾の掃海任務から帰った海上自衛隊関係者に記念メダルを贈った。
それは湾岸戦争の際の、初期対応のまずさからこうむった「カネしか出さない日本」の汚名が払拭(ふっしょく)されたことを示したもので、それを身をもって具現化したのが海上自衛隊ペルシャ湾掃海派遣部隊だったのである。

二、カフジ沖の感動

足かけわずか三日の短いクウェート滞在の中日にあたる五日、派遣部隊幹部たちは分刻みとも言うべき多忙な行事をこなしたが、広報活動を重視していた落合は、午後五時、大使館、同六時、「はやせ」艦上での二回記者会見を開き、大使館での記者会見で、「ペルシャ湾での船舶航行の安全はほぼ保障されたと思う」と、事実上の安全宣言と受け取れる発言をした。そして翌六日朝八時、最後の作業地となるサウジアラビア・クウェート国境に近いカフジ沖に設定されたMDA-6に向けて出港したが、この作業の実現まではいささかの紆余曲折があった。

およそ八年に及んだイラン・イラク戦争の終結を一年後に控えた昭和六二年秋、東京の防衛庁海上幕僚監部を、アラビア石油の社員二人が訪れた。日本、クウェート、サウジアラビア三国の合弁事業である同社のカフジ鉱業所沖合いに機雷らしいものが漂流しているが、どう対応したらいいものかという相談で、一人はこの相談のため急遽、現地から帰国したばかりということだった。

海幕側からは装備体系課艦船体系班の河村雅美三佐と技術部武器一課宮本通夫三佐が対応したが、まだイラン・イラク戦争の停戦が成立していなかった時だったので、敷設された係維機雷が流出した可能性が高かった。そこで河村たちは、現地の事情はよく分からないけれども、サウジアラビアの海軍もしくは沿岸警備隊が処置すべきであること、機雷の回収や処分の方法などを説明し、機雷ならば生きている可能性があり、海上にせよ岸に漂着した場合にせよ、衝撃で爆発する可能性があるので、絶対に二〇〇メートル以内に近づかないよう注意した。

二人は喜んで帰ったが、このときに接したアラビア石油の一人平本敏勝と名乗る人から後日、思いもかけない話を聞かされた。

漂流していた機雷は海岸に漂着し、サウジアラビア沿岸警備隊が小銃によって銃撃処分した。その際、はじめのうちは遠くから撃っていたのが、命中しないのでだんだん機雷に近づき、最後は五〇メートルくらいから撃った。

そして、信じられないことだが、処分にあたったサウジアラビア当局の責任者は、カフジ鉱業所の人たちに、危なくないから近寄って見物してもいいといったらしい。しかし、東京の海幕で教えられた注意事項を守って誰も近づかなかったので、命拾いをしたが、銃撃処分にあたった沿岸警備隊指揮官と射撃手の二人は、機雷処分時の爆発で即死したという。

この話を伝えてくれた平本という人は四十代半ばだが、一年のほとんどをカフジで過ごし、まとまった休暇の時だけ九州大分の自宅に帰るという生活を送っていた、俗に「日の丸原油」と呼ばれたアラビア石油の現場を支える重要な人物の一人で、のちに河村はこの平本と深いかかわりを持つことになる。

カフジ沖の機雷処分の話から四年後の平成三年五月中旬の一日、海上自衛隊掃海部隊のペルシャ湾派遣に先立つ現地調査の一環として河村三佐は、海幕後方計画班長田内浩一佐、内局運用課田中聡部員とともにサウジアラビアのダハランから陸路カフジ入りした。その目的は、作業の現場海域に近い同地周辺の状況の調査、ならびに掃海作業中に負傷者などが発生した場合の緊急輸送先の候補地としての、医療能力などについての調査を行なうことだったが、もう一つアラビア石油カフジ鉱業所での会談があった。

当時、アラビア石油がカフジ沖の同社海上油井地帯付近海域の掃海を強く望んでいることが、現地の外交筋を通じて派遣部隊の耳にも達していた。アラビア石油としては、六月上旬ごろをめどに原油積み出しの再開を計画し、とりあえず六月はじめ、サウジアラビア海軍に頼んでタンカー航路水域の安全確認を行ない、六月一一日には原油積み出し第一船を見送るというところまでこぎつけた。

しかし、その後は現地の作業員、特にサウジアラビアの人たちが「安全が確認されていないから嫌だ」といって、沖にある海底油田のオイルリグ（油井）にフネで渡るのを嫌がるので仕事にならないところから、技術も高く作業に信頼の置ける日本の掃海部隊への確認掃海の要請となったものだ。

ここは設定された機雷危険海域MDA-6の五キロから一〇キロ外にあり、当初の掃海対象には入っていなかったので、各国海軍部隊との協調を基本とする海上自衛隊の派遣部隊としては簡単にOKというわけにはいかない。海幕側としては、いざという時はアラビア石油の要請に応じる腹案をすでに用意していたのだが、この日はそれには触れることなく、結論のないままに会談を終えた。

その夜はカフジ鉱業所に宿泊することになり、日本人スタッフが歓迎会を開いてくれた。そのスタッフの中に平本もいて、久しぶりの再会とあって夜遅くまで話は尽きなかった。その半月後の五月下旬、ペルシャ湾に日本の掃海部隊が到着し、六月上旬に湾北部での掃海作業を開始したが、事前の現地調査に引き続いて、連絡幹部としてバーレーンを拠点にして現地で勤務していた河村を、アラビア石油の平本が突然、訪ねて来た。

「休暇を使い、酒のつまみを土産に仕事抜きの激励に来てくれたもので、涙が出るほど嬉しかった」

平本との三度目の出会いを河村はそう語るが、それからしばらくカフジ沖掃海作業については進展が見られなかった。しかし、水面下では恩田宗在サウジアラビア日本大使、黒川剛在クウェート日本大使、それに小長啓一アラビア石油社長らによる実現に向けてのさまざまな外交努力が続けられ、やがてそれが報われる時がやって来た。

八月の末、恩田在サウジアラビア日本大使から、「サウジアラビア石油省は、すでにアラビア石油の要請にもとづいて国防省に対し、カフジ沖の掃海作業を海上自衛隊の掃海部隊に依頼するよう申し入れ済みである。ついては海上自衛隊としてどのような対応が可能か」との打診があり、派遣部隊としても、至急その線に沿って検討を開始することになったからだ。

海上自衛隊としては、派遣部隊のすべての掃海作業を九月一〇日までに終えることとしていたので、カフジ沖の作業が油井がある海域の全面掃海ではなく、カフジ港から油井海域までの作業船の航路などに機雷がないことを確認する確認掃海であれば、技術的にも日程的にも可能であった。そしてこの結果、作業の実施が決まった。

「この掃海作業は多分に"Show the flag!"的な意味合いがあったが、日本にとって唯一の自主開発油田があるカフジ沖での作業は日本の国益に直接つながるものだというのが現地部隊の認識でもあった。そしてこのことをよく理解し、会社側として確認すべき航路などの限定に協力し、奔走してくれたのが海上保安庁出身の平本さんだった」(河村)

クウェートのアル・シュワイク港から、MDA-6の外側に沿ったカフジ沖の作業現場までは近い。六日午後には現場海域に到着し、掃海艇四隻でさっそく作業を開始し、八日午後にはすべての作業を終えてしまったが、この間に誰に見守られることもなく、黙々と作業を続けてきたこれまでの掃海作業とは違う感動的な出来事があった。

アラビア石油カフジ基地からは、毎日午前と午後の二回、会社のヘリコプターが海上監視のため飛んでいたが、そのヘリコプターが九月八日午前八時ごろ、カフジ沖のタンカー航路第三ブイ付近を北に向かって単縦陣で航行する四隻の小型艦艇を発見した。近寄ってみると先頭から順に671、670、668、669、と舷側の数字が読め、艦尾にひるがえる赤い旭日旗から、それは日本の自衛艦艇であることが分かった。

興奮した社員の一人が、すぐに基地に打電した。

「日本の掃海部隊を発見したぞ！」

「本当か？」

「まちがいない」

午後一時四〇分、ふたたび基地をヘリコプターが飛び立った。乗っているのは、カフジ鉱業所の今枝幹雄部長に現地サウジアラビア人の部長、沿岸警備隊アワード司令官らで、日本掃海部隊を空から表敬訪問するのが目的だった。

油井の火災による猛烈な黒煙が空を覆うその下で探すこと約一時間後の午後二時四〇分、北緯二八度四七分、東経四八度五九分の地点で、カフジ油田群の一つフート油田のほぼ中央を北進中の掃海部隊を発見した。

「本当だ。本当に日本の掃海部隊がはるばる海を超えて、ペルシャ湾まで来てくれたのだ……」

以前、よくアラブの人たちから「日本の海軍はなぜ来ないのか？」と聞かれたことを思い出した今枝は、直ぐにアワード司令官のＶＨＦ無線機を借りて、海上の日本掃海部隊との交信を試みたが、ノイズがひどくてうまく交信できない。これを見たヘリコプターのパイロットが高度を下げた。

「下で手を振っているぞ」

アワード司令官が今枝に、そう教えてくれた。

白い航跡をあとに北に向かう掃海艇の艇首には日の丸、そして艇尾には旧海軍の軍艦旗と同じ旭日旗がはためいている。イラン・イラク戦争のとき、クウェートのタンカー護衛のために来ていたアメリカの艦艇を何度も目撃した今枝だったが、いま眼下にいる小さな日本海上自衛隊の掃海艇が、この上なく頼もしく見えた。

感極まった今枝は無線による交信を諦め、大音量のスピーカで空中から直接呼びかけた。

「海上自衛隊の皆さん。ご苦労さまです。今、上空にいるのはアラビア石油のヘリコプターです。ありがとうございます。ありがとうございます！」

最後は絶叫になった。サウジの沿岸警備隊も、日本語での交信を特別に許してくれたのだ。

作業三日目の八日午後、作業現場にあった「ひこしま」以下の四隻の上空に現われたヘリコプターから突然聞こえてきた大音量のメッセージは、隊員たちを驚かせた。

それは、依頼者側が直接作業現場にやって来ての激励であり、予想もしなかった出来事は作業をしていた隊員たちを痛く感動させ、作業にも一段と熱が入った。軍隊、自衛隊、警察、消防など、時に命の危険をともなう組織の士気の根源は、国民から寄せられる期待、名誉、自分の使命に対する誇りしかないと、さる新聞の論説委員は書いていたが、まさにそれを地でいく光景が展開されたのだった。

空中状態が悪く、混信がひどくてヘリコプターと掃海艇との交信は不自由だったが、その後鉱業所のオフィスでバーレーンに停泊中の旗艦「はやせ」の掃海派遣部隊首席幕僚宮下一佐と船舶無線による連絡がとれ、作業の詳細が分かった。

日本の掃海部隊は、ペルシャ湾奥部海域まで北上して、もっとも難しい海域での掃海を終えたのち、九月六日から七日にかけてカフジ沖のドラ油田（天然ガスも含む）とフート油田の北および西方海面の作業を終え、八日午後には両油田中央部の掃海を行ない、今度の作戦はすべて終わったというのだ。

「この作業の実施について在バーレーン日本大使館にいた河村二佐から連絡を受けたとき、これこそ国益という、本来あるべき物差しに叶う作業だなと思った」と掃海幕僚（乙）の藤田民雄二佐は語っているが、この作業に関連して指揮官の落合には忘れ難い思い出がある。

後日、派遣部隊が日本に帰ってから落合は、挨拶にアラビア石油の本社を訪れたが、エレベーターを降りた社長室の前に置かれたプラスチック製のカフジ油田の模型を見て、思わず「いやー懐かしいですな」という言葉が口をついて出た。

「落合君、この模型を見て懐かしいといったのは君だけだよ」

出迎えた小長社長は、そう言って相好を崩した。そこには官民の垣を超え、ペルシャ湾で苦労を共にした仲間にのみ通じ合える熱い思いがあったのだ。

派遣部隊の任務終了とともにバーレーン駐在だった河村二佐も帰国したが、前後してアラビア石油カフジ鉱業所の平本も日本に戻り、再会を祝って二人は新橋のあたりを飲み歩いた。

しかし平成五年春、胃の手術を受けた平本とは回復したらまた飲もうと話を交わしたまま時は過ぎ、それからしばらくして平本夫人から届いたのは、思いもかけぬ夫の訃報であった。まだ五十代前半の若すぎる死であり、「口惜しい！」との思いは、しばらく河村の胸から消えなかった。

掃海部隊のペルシャ湾派遣から約九年たった平成一二年二月二八日、「日の丸原油」の象徴といわれたアラビア石油は、サウジアラビアに持っていた油田の採掘権を失った。通産大臣を表に立ててのサウジアラビアとの折衝だったが、契約更改にあたってのサウジアラビア側の条件が気に入らないとして日本側が拒否したのが原因だった。

翌日の新聞では、アラビア石油の権益が無くなっても日本の石油供給に影響はない、という通産省の見解が報じられたが、かつてここにかかわったことのある人たちからすると、釈然としない思いが残った。

仮にサウジ側の出した条件を拒否することが、経済的に見て国益を損しないとしても、長い目で見た場合、アラブ圏の有力な国家サウジアラビアとのかけがえのないつながりの一つを失うことのほうが、全体的に見て損失になるのではないか。それが国益につながると信じ、現地で身をもってこの作業にかかわってきた人たちの、偽らざる心情に思えてならない。

三、モラールはスカイハイ

これこそ目に見える国益への直接貢献であるとして勇んで参加した、サウジアラビアのカフジ港からアラビア石油の海上油井地帯にいたる作業船用航路の安全確認作業をもって、わが派遣部隊のペルシャ湾におけるすべての作業は終わるはずであったが、これまで緊密な共同作業を行なってきたアメリカ海軍部隊との間に、この作業終了をめぐって微妙な意見のズレが生じた。

日米両部隊にとって最後の共同作業となったMDA-10の外側約一六〇〇メートルの一部イラン領海を含む海域で、日米共同による確認作業（機雷が存在しないという）を実施したいという現地のアメリカ海軍や国務省筋からの申し入れがあったからだ。

これに対して現地のわが派遣部隊では、すでに経験したように、この海域が満潮時でもなお水深が一〇メートルに満たないので作業がきわめて困難であること、これまでの検討結果から未処理の機雷が存在する可能性がきわめて低いことなどをあげて、作業実施の必要性に疑問の意向を示した。

よきパートナーとして緊密な共同作業を進めて来たアメリカ海軍掃海部隊指揮官ヒューイット大佐も同意見だったが、上級司令部では、なおイラクから提示された機雷敷設図を根拠に、掃海作業の実施にこだわった。

そこで日本側としても、日米共同による作業の実施についてイラン側の同意を求める外交努力を続け、全作業の終了予定日である九月一〇日以降の作業に備えての対策も怠らなかった。この結果、カフジ沖の安全確認作業が終わった九月九日の時点で、イランがMDA-10の残った海域での日米共同掃海作業の実施を九五パーセント認めそうなこと、その正式回答が二四時間以内に寄せられるであろうことなどが、派遣部隊に伝えられた。

この最後となるはずの作業については、その規模からして一隻で十分だったが、問題は四隻の掃海艇の中からどの艇を選ぶかだった。カフジ沖での作業が最後と思っていた一般の隊員たちにまだ作業が残っていること、それも一隻だけその作業にあたることを伝えるとあっては、いかに命令とはいえ指揮官としては辛いところだった。しかも九日夕方からは作業の終了を祝う最後のスチールビーチパーティーが開かれ、終わって翌一〇日に派遣部隊は、六隻そろってアラブ首長国連邦のアブダビに向かうことになっていたからだ。

補給艦「ときわ」の飛行甲板を開放して開かれた二回目のスチールビーチパーティーは、アメリカ海軍の「メリル」「ガーディアン」に日米掃海艇、さらにサウジアラビアやクウェートの艦艇を含む一五隻が参加する盛大なものになった。このときばかりは禁酒の国アラブの軍人たちもおおっぴらに飲めるとあって大いに盛り上がり、パーティーは深夜に及んだが、終わって自分の艇に帰ろうとする「ゆりしま」艇長梶岡三佐を、落合が「おい、梶。ちょっと待て」と呼び止めた。

派遣前は「ゆりしま」が所属していた呉の第1掃海隊群の群司令だった落合に特別の親しみを抱いていた梶岡は、つぎの落合の言葉を聞いてぎくりとした。

「明日、他のフネはアブダビに向かうが、『ゆりしま』はMDA-10に引き返してイラン領海内の機雷掃討をやってもらうことになった。行ってくれるな……」

もうこれで危険な作業ともお別れだと喜んでいる乗員たちのことが、梶岡の頭をかすめた。

一瞬、返事をためらっていると、「どうだ」と再度聞かれたので、「一隻だけですか？」と聞くと、「そうだ。ただし、アメリカ海軍からも一隻行くことになっている」とのこと。パーティーの酒でもうろうとした頭で、梶岡は必死に考えた。ここまで来て幹部自衛官として、また掃海艇の艇長として、群司令（落合のこと）の期待に反するようなことは絶対に出来ない。一瞬の間をおいて、「行きましょう」と答えた。

「乗員は大丈夫だろうな」

「よく説得して、納得させるようにします」

「作業終了時期は未定だ。ただし、この作業の実施についてはまだ確定ではない。イランの最高指導者ハメネイさんがノーと言ったら中止だ。明日の早朝までにどちらかに決まるだろう」

そんなやり取りがあって、落合のほかに掃海幕僚の藤田三佐、通信幕僚依光道洋三佐、語学幕僚前田嘉則三佐ら司令部要員三人が「はやせ」から乗り込んできた「ゆりしま」は、朝六時、アブダビに向けて南下する「はやせ」以下の本隊とは逆に、MDA-10の作業現場に向けて出港した。

六時間で作業現場海域に到着した「ゆりしま」は午後三時過ぎ、これもアメリカ掃海部隊指揮官ヒューイット大佐の乗る掃海艇「リーダー」に洋上で接舷し、仲良く最終指示を待った。

果たしてイランがこちらの申し入れを受け入れるかどうか、じりじりするような時間が過ぎ、午後八時過ぎになって〝拒否〟が伝えられ、ようやくＭＤＡ-10での追加作業の中止が決定された。

この九月一〇日早朝、海幕の連絡士官としてバーレーンに駐在していた河村雅美二佐は、バーレーンのミナ・サルマン港から車で三〇分ほどのところにあるアメリカ中央軍海軍司令官テーラー少将の宿舎を訪れていた。日本の外交チャンネルを通じて進められていた、ＭＤＡ-10外側のイランの領海内もしくはきわめて近接した浅海域の日米共同作業についての、同意取り付け交渉の経過に関する海幕防衛部長村中寿雄海将補からのメッセージを伝えるためであった。

当時、アメリカ軍がデザート・ストーム（砂嵐）作戦と呼んでいた湾岸戦争は、イラクとの実質的な戦闘が終わった二月中旬以降、少なくとも海上作戦として不審船の臨検と対機雷戦が継続して実施されていた。

いわゆる多国籍軍として多くの海軍が関わっていたこれらの作戦では、アメリカ中央軍海軍司令官としての任務を前任の第七艦隊司令官から引き継ぎ、各国海軍部隊の中で最先任指揮官だったテーラー少将がリーダーシップを発揮し、まとめ役としてのその政治的手腕は誰もが認めるところであった。その容姿が往年の人気西部劇「ガンスモーク」の主人公の保安官に似ていたところから、周りからは「湾岸の連邦保安官」とひそかに呼ばれていた。

その「湾岸の連邦保安官」テーラー少将は、対座した河村に開口一番、「日本の海上自衛隊掃海部隊のモラールは、スカイハイだ」と言った。河村から防衛部長のメッセージを渡されたテーラー少将はそれについての所見を分かりやすく河村に伝え、会談は短時間に終わった。そして最後に言った言葉が、また河村を感動させた。

「今から緊急の要件でリヤドに行くが、夜には帰り、明一一日の『はやせ』艦上のレセプションには、コモドー落合がいなくても、私はかならず参加する」

テーラー少将宅を早々に辞した河村は、帰りの車中ずっと「モラールはスカイハイ」という言葉について考え続けた。

「ＯＭＦ（海上自衛隊、ペルシャ湾掃海派遣部隊の略称）のモラール（士気、軍規）が高く保たれてきたことは言うまでもないが、私自身もそうであったように、テーラー少将も、ＯＭＦの現場での作戦や隊員の働きを直接見てきたわけではない。

それは、湾岸の各寄港地での隊員たちの規律ある行動や、それにともなって港湾当局が隊員の港湾ゲートの出入りをこちら側に任せたこと、上陸に便利な係留岸壁を優先する便宜を図ってくれたこと、日米艦艇が錨泊横付けして実施したスチールビーチパーティーでの隊員の振る舞いなどが、自ずとテーラー少将の耳に入っていたせいかもしれない。

特に、もっとも困難とされていたＭＤＡ-10で、日米の掃海部隊が最後まで残って互いの能力を補い合いながら、技術的限界ともいうべき精密な掃海作業をやってのけたことも含め、全体的に評価した末に達した結論ではないか。

それはＯＭＦだけでなく、海上自衛隊全体が評価された言葉であると思い至った私は、胸がいっぱいになり、こみ上げてくるものがあった」

イラン領海付近での日米共同の掃海作業を拒否する九月一〇日夜のイランからの正式回答により、MDA-10での追加作業の計画は消え、池田防衛庁長官は、「ペルシャ湾における機雷の除去およびその処理」任務の終了を命じた。

思えば六月五日のMDA-7での作業着手から数えて九九日目のことで、一一日朝「ゆりしま」はMDA-10の錨地を出発、本隊の後を追って集結地であるアラブ首長国連邦のアブダビに向かった。

一方、バーレーンに入港中の旗艦「はやせ」艦上では、夕方六時から派遣部隊指揮官主催の謝恩レセプションが開催された。

バーレーン駐在のインド、イラン、パキスタン、韓国、エジプト、ソ連、ドイツ、ニュージーランド等の各国大使や軍関係者約一〇〇名が参加する盛大なもので、まだ洋上を回航中の「ゆりしま」艇上にあって参加できない落合の代行を、首席幕僚の宮下一佐がつとめた。

この夜のレセプションには、前日河村に約束したとおり、アメリカ中東艦隊司令官テーラー少将も参加していたが、スピーチの際、大勢の参会者を前にして少将は言った。

「……本日、ただいま、コモドー落合とコモドー・ヒューイットがこの場におらず、未だに洋上で行動中であるということは、まさに二人が最後まで協力し合いながら作戦を遂行してきた事を意味するものであります……」と述べ、参会者たちの大きな拍手を浴びた。

四、月の砂漠で

防衛庁長官の「ペルシャ湾における機雷の除去およびその処理」任務の終了命令によって、派遣部隊の帰国に向けての本格的な準備が始まった。

バーレーンのミナ・サルマン港で開かれた「はやせ」艦上での謝恩パーティー翌日の派遣部隊各艦艇の行動を見ると、「はやせ」は一二日朝八時、バーレーンを出港、一三日朝、アラブ首長国連邦のアブダビに到着して先に入港していた補給艦「ときわ」及び掃海艇三隻に合流、一一日朝、ＭＤＡ-10を出発した「ゆりしま」も一三日正午、アブダビに入港して、しばらく別れ別れになっていた派遣部隊の全艦艇が合流した。

この日の夕方からは、米山在アラブ首長国連邦大使主催の歓迎パーティーが大使公邸で開かれ、現地在住日本人会一三〇名が参加しての温かい歓迎振りに、出席した隊員一同、改めて胸を熱くした。

一四日は休養日で、隊員たちは砂漠ツアーを楽しんだが、夕方から「ときわ」で昨日のリターンパーティーが開かれ、米山大使ほか日本人会一二〇名が参加、さらに一五日午前の海水浴、夕方からの市内マリナガーデンでの日本人会主催の大パーティーと、帰国を控えての嬉しい歓送行事が目白押しだった。なお、この日の午後四時、落合は「ときわ」艦上で記者会見を行ない、九社一五名の記者を前に、「部隊は二三日午後、ドバイを出港して帰国の途につき、日本到着は一〇月末の予定」であることを明らかにした。

こうして、アブダビでの多くの行事をこなした派遣部隊は一六日朝、短い間ではあったが思い出多きアブダビに別れを告げ、午後四時ごろ、よりホルムズ海峡に近い同じアラブ首長国連邦のドバイに入港した。ここは四ヵ月前、派遣部隊がペルシャ湾入りした時に最初に入港したところで、往路と違って今度は輝かしい任務を完遂しての凱旋の門出(かどで)にふさわしい場所であった。

ドバイ滞在は約一週間だったが、一ヵ月を超える長い帰路の航海に備えての艦体艇体の整備、食料をはじめとする大量の物品搭載、各種の公式行事、その合い間を縫っての観光などで、たちまち日は過ぎ、ドバイ滞在の最終日九月二二日がやって来た。そしてこの日、これまで寄港時も公式行事や次の作戦計画などで心からくつろげる時間の少なかった司令部及び派遣部隊幹部の人たちにとって、ペルシャ湾での最後の夜にふさわしい送別のイベントが用意されていた。

それはドバイ在住日本人会の赤井豪太という人と、ドバイ政府の観光局に勤める公子(きみこ)夫人の設定によるもので、月の砂漠のど真ん中でバーベキューやベリーダンスを楽しんでもらおうという趣向だった。派遣部隊指揮官落合一佐以下各級指揮官と主要幕僚の一六名が招待され、夕方四時半、ドバイの岸壁を迎えに来たランドクルーザーに分乗して出発、市街地を抜けると直ぐに始まる広大な砂漠を走って約三時間、砂漠の中に設定されたテント張りのパーティー会場に到着した。

すでに準備万端整えられ、パーティーが始まるころには星が輝きはじめ、風流人ならずともロマンティックな気分になる砂漠の夜が始まった。もうあの身を苛むような機雷との戦いもない。

しかも一件の事故もなく任務を終えて、明日はいよいよ故国に向けての凱旋だ。そんな思いが酔いを増幅させ、ふんだんに用意された酒もそろそろ底を尽きようかというころ、アラブ名物のベリーダンサーが登場してさらにボルテージが上がり、砂漠の夜の宴は最高潮に達した。ここでこのパーティーを企画演出した赤井豪太について、少し触れておかなければならない。

——一九九〇年八月二日朝、イラク軍によるクウェート侵攻という世界中を震撼させたニュースを、私はドバイの自宅にかかってきた知り合いのさる商社の所長からの電話で知った。

「本社からの指示で、今日これからバンコクに避難することになったよ」

当時ドバイには日本の大手企業が七〇社ほど進出しており、約三五〇名の日本人が駐在していたが、私と家内のほか三人を除いて、すべての日本人が同じような理由でドバイから消えてしまった。私は、一九八五年に八年ほど駐在したドバイから本社に帰任するのを機に、二十数年勤務した商社を退職して、大好きなドバイに戻り貿易会社を経営していた。

商社の所長からの避難の電話の後、今度は友人でもあるドバイ電力の高官から電話が掛かってきた。

「日本人はどうしたのか？　ケーブル配線の現場監督が急に居なくなり、工事ができなくて困っている」というので、さっそく契約を請け負った商社に電話したところ、フィリピン女性のオペレーターが出てきて、「日本人は昨日からみんな居なくなった。でも私たちは普段どおりよ」との返事。

一体これは何なのだろう。まるで敵前逃亡じゃないか。フィリピン人や現地の人たちの命はどうなってもいいのか？　日本人の命は特別なのか？

そんな最中、さる大阪の大手電機メーカーの所長が出張からドバイに戻って来た。

「ドバイは全然、問題ないじゃないか。これなら避難する必要はないのでここに残ることにするよ。ゴルフでもやりながらゆっくりしましょう」

「ＯＫ！　そうしよう」

そんな会話を交わしたその晩、自宅の電話がなった。受話器を取り上げると、昼間、言葉を交わしたその人だった。

「やっぱりここを離れることにしたよ」

「なぜ？」

「本社から自分だけいい格好するなと言われた。そこまで言われて頑張る意味合いは無いからね」

それを聞いた私は愕然とした。

その後、外国人が八割という国際都市ドバイの街は、日本人が居なくなっただけでまったく普段と変わらず、週末のゴルフコースはプレーを楽しむ欧米人の男女が溢れ、レストランやパブは家族連れやカップルで賑わっていた。ただ普段と少し違うことは、クウェートから避難してきた人たちがホテルのロビーに多く見られるようになったこと。それと義勇軍に志願しようとする若者の列が、国防省の前にできたことだった。（赤井豪太「援軍来たる」、SECURITARIAN、二〇〇一年一二月号）

イラク軍のクウェート侵攻から半年経った一九九一年一月一七日、多国籍軍による〝砂漠の嵐〟作戦が開始され、数週間の猛烈な空爆の後の二月二四日早朝に地上戦に移行すると、僅か一〇〇時間後の二八日に多国籍軍の圧倒的勝利をもって戦闘は終わった。

イラク軍は撤退に際して、クウェートの油井群に火を放つ暴挙を犯したが、その黒煙はやがて風に乗ってドバイの空を覆い、強烈な陽光をさえぎって気温を下げ、サダム・フセインがくれた冷夏という意味で、ドバイの人たちは〝サダムの秋〟と呼んだという。そして、これが湾岸戦争でドバイが受けた唯一の〝戦火〟の影響であった。

この戦争で主役を演じたアメリカをはじめ各国がどれほど貢献したか、その貢献度に応じて復興の機器資材の調達先などを優先的に割り振るということで、クウェート政府が貢献順位を発表したが、日本に対する評価は惨め（みじ）なものだった。

日本政府が拠出した一三〇億ドルという国民の血税も、小さな船を一隻出したノルウェーや、僅か数人の看護兵を出したアジアのさる国より評価が低いのだ。〝喜捨〟を意味する〝ザガード〟の習慣のあるアラブ人にとって、金持ちが金を出すのは当たり前のことであり、国際的にもそういう感覚であるがゆえに、目に見えるものや一滴の血や汗の方が遙かに尊いということだ。

「日本は憲法でこの戦争には参加できない」などといっても通用しない。具体的な行動が評価の対象となる国際社会では、結局、「日本人は優秀だけれども頼りにならない」ということになってしまった。

——その年の五月も終わろうというある日、「日本海軍来たる」という現地新聞の見出しが目に入った。ビッグニュースだ。

「すごいぞ！　来たぞ！　やったぞ！」

やたらと興奮する自分を抑え切れなかった。正確には海軍ではなく、海上自衛隊（JMSDF）だが、外国ではJMSDFも立派な〝日本海軍〟なのだ。

「アカイ、良かったな。日本海軍が来るんだってな」と、イギリス人やインド人の友人たちが一緒になって喜んでくれた。まさに「援軍来たる」である。ラシッド港に行って旭日旗を見たとき、これでやっと国際社会の仲間に入れたと思った。乗艦を許されて旗艦「はやせ」の舷梯を登って幕僚の方々の出迎えを受けたとき、感激のあまり身体が斜めになってしまった。

艦上で見たクルーたちの第一印象は、「何と礼儀正しいことか」「何と動作行動がキビキビしていることか」「何と素晴らしい表情をしていることか」であった。かならずしも評判の良くない、いわゆる〝近頃の日本の若者〟といった風評とは一味も二味も違う discipline（規律正しい）な日本人に接して、「日本の将来も捨てたものじゃない」と、さっそく日本の友人への手紙に書いた。（前出、赤井、「援軍来たる」より）

砂漠の夜の宴も最高潮に達したころ、このイベントの企画者であり実行者でもある赤井の胸に、様々な思いがよぎった。

「季節はちょうど酷暑の最中。湿度一〇〇パーセントのペルシャ湾内での作業は、肉体的にも精神的にも想像を絶する苦労があったことだろう。ここでの四ヵ月近い作業を含め、四月末に日本を出て明日はいよいよ帰国の途に就こうという今日まで、よくぞ事故もなく全員が無事に任務を終えられたものだ。これは、少し大げさに言うならば明治三八年五月二七日の日本海海戦で、バルチック艦隊を破った東郷司令長官率いる日本海軍連合艦隊の完全勝利と同じ延長線上にある快挙であり、『勇将の下に弱卒なし』の喩え通り、この作戦の方針『全員を無事に日本に連れ戻す』という一点に絞ってそれを実行した落合指揮官と、五百十名の隊員たちの努力の勝利だ」

そんな思いに赤井が浸っている目の前で、パーティー参加者たちが落合を囲んだかと思うと、胴上げが始まった。赤井もすぐその中に加わった。

「日本海軍万歳！　海上自衛隊万歳！　掃海部隊万歳！　落合指揮官万歳！」

初秋の夜のアラビア砂漠に万歳の声が流れ、落合の体が何度も宙に浮いた。

「四ヵ月の掃海任務を終えて明日は帰国の途に就くという前の晩、文字通り『月の砂漠』で掃海部隊の幹部たちと大声で叫んだこの万歳が、私にとっての湾岸戦争の本当の終わりだった」（赤井）

第七章――マザー、オアシス、ファザー

一、マザー、掃海母艦「はやせ」

これまでにもしばしば紹介している掃海派遣部隊の隊内紙「たおさタイムズ」の第一六号（平成三年一〇月四日発行）に、掃海母艦「はやせ」、補給艦「ときわ」、及び派遣部隊指揮官落合一佐についての記述が見られる。

一〇月四日といえば、ペルシャ湾での一切の作業を終えた派遣部隊が故国への帰路に就いて、二度目の寄港地スリランカのコロンボに入港した日であり、重荷を下ろしてリラックスしたせいか、「はやせ」をマザー、「ときわ」をオアシス、落合一佐をファザーにたとえた、「たおさタイムズ」編集長土肥三佐によるユーモラスな解説である。まずは「はやせ」から。

我らが母「はやせ」

掃海母艦「はやせ」は、その名のとおりわれわれ掃海艇の母親に見える。いつでも優しく

われわれを見守って居てくれる。朝早く家（錨地）を出るときは、「行ってらっしゃい。頑張ってね、浮遊機雷には気をつけるんだよ」という励ましの言葉を、日が暮れて作業から帰ってきたときは、「良く頑張ったね。ご苦労さん」という労い（ねぎら）の言葉をかけてくれる優しいお母さんだ。また、ちょっとした怪我（注、機器類の故障）でも心配顔で手当してしてくれる。本当にありがたいと思う。

時々、マザー「はやせ」が家から出かける時がある。そんなとき、母親が傍にいると安心して遊んでいるのに、母親がいないことが分かると急に泣き出す子供の心境に近い不安感を覚えることがあり、「はやせ」を改めてありがたいと思う。沢山の小姑の世話もしながら、家庭をしっかり守っているマザー「はやせ」を尊敬する。

純子大お母さんをはじめとする一族のお母さん方に感謝したい。

ここで純子大お母さんと言っているのは「はやせ」艦長横山純雄二佐、一族のお母さんとは副長森英世三佐以下の幹部たち、そして世話をする沢山の小姑とは、親父と慕う派遣部隊指揮官落合一佐を補佐する宮下英久一佐以下の派遣部隊司令部幕僚たちのことだ。全長九九メートル、基準排水量二〇〇〇トンの「はやせ」は派遣部隊の旗艦なので、横山艦長以下固有の乗員一四六名のほか各幕僚を含む五〇名の司令部要員が乗っていたのだ。

さて、こうした「はやせ」の最大の功績は掃海現場での掃海艇に対する直接支援であるが、それと同じくらい重くかつ難しかったのは、日本—ペルシャ湾間約一万三〇〇〇キロの往復航海時の先導艦としての役目だった。

　この航海では、旗艦「はやせ」を先頭に四隻の掃海艇、補給艦「ときわ」の順に六隻が単縦陣で航行した。安全のため各艦艇が間隔を取ると隊列の長さは五五〇〇メートルにもなり、洋上で他の艦船に出会った際の対応がむずかしい。もしこれを誤ると、接触あるいは衝突といった不測の事態を招きかねないし、そうでなくても大きな時間の遅れを来たすことになる。

　自転車や車と違って大きなフネのモーションはゆっくりしているから、急激な回避運動は出来ない。相手の船の行動予測や、それに対応する操艦の技術――後続艦艇のことも含めた――が重要になってくるが、「はやせ」のそれが万全で、往復約二万六〇〇〇キロを越える航海を無事終えることが出来たのは、横山艦長とその部下たちの技量に負うところが多い。

　横山はこのペルシャ湾派遣行動中、つねに気遣っていたことは「事故、特に人的事故をいかに防ぐか」だったと言っているが、その一例として特に大きな事故につながりやすい作業艇の揚降作業について、「たとえ停泊中といえども機械、舵を使い、揚降場所の海面が、その時の気象海象条件の中でもっとも静かになるよう艦の向きを調整し、より安全な作業環境を作り出すよう努めた」と述べている。

　横山の操艦技術のうまさについては、派遣期間の大部分を「はやせ」と共に過ごした部隊指揮官の落合は、こう語っている。

「ドバイでの真水、生鮮食料をはじめとする補給物資を満載した補給艦『ときわ』が一週間置きに戻って来て錨泊しているところに『はやせ』を横付けするが、これをタグボートなんか使わず、操艦だけでやってのける。これはまだいいが離れる時も同じで、何回となくやって危ないと思ったことは一度もない。へたをするとこすったり、ハンドレールとかスカッパーなどがやられることがあるが、こすりもしなかった」

「はやせ」の作業は地味だ。総員朝四時ごろ起きて掃海艇を送り出す。夜八時から一〇時ごろに掃海艇が帰ってくると、四隻に補給をしなければならない。「はやせ」の両舷に横付けして燃料、真水、食料などを補給する傍ら、掃海艇のエンジン、ソーナーをはじめとする電子機器類に不具合があると聞けば、直ぐに補修グループが乗り移って修理してしまう。

「はやせ」の司令部内には、鈴木修二佐をチーフとする整備幕僚部が設けられ、整備と造修についての企画、計画の立案、その実施に際しての監督や指導、いわば艦艇の技術集団に対するコンサルタント役を努めた結果、全艦艇で発生した任務に重大な支障を与えない程度の、三一五件の故障・不具合のうち、実に九〇パーセントを隊内で修理してしまった。

これまでの経験からして、普段の日本近海での訓練では二〇隻集まったら、六隻くらいは大なり小なり何らかの故障があるのが普通だった。その経験からすると、今度の派遣では四隻行ったのだから常時稼動できるのは三隻で、後の一隻は修理や整備のため基地に残らざるを得ないだろうと見られていた。それがいざ現地での作業に入ってみると、全艇が出動し、稼働率一〇〇パーセントだった。

これはもとより各掃海艇の乗員が、いい意味で職人根性、プロ根性を発揮して自分の担当する業務に最善を尽くした結果であるが、アメリカをはじめ各国の海軍が日本掃海部隊の成果を高く評価した中の一つに、掃海母艦と補給艦の組み合わせが素晴らしいということがあった。

アメリカ海軍には掃海母艦という艦種はないが、任務編成（タスクフォース）の得意な海軍なので、たとえばフィリピンにいる駆逐艦に掃海部隊の旗艦をやれというと、その船はちゃんとできる。それが三ヵ月もすると、地中海にいる巡洋艦を呼び寄せて交替させる。

事実、わが派遣部隊の約一〇〇日に及んだペルシャ湾での掃海作業中に、アメリカ掃海部隊の旗艦は、司令部機構だけそのまま残って四回も変わっている。こうしたやり方で作戦そのものはスムーズに行って、これはこれで大変に素晴らしいことなのだが、掃海艇を支援するためのプロパーの母艦はあった方がいい。

「海上自衛隊には、『はやせ』と『そうや』という、掃海母艦あるいはこれに相当する船がある。これらがずっと掃海艇の傍にいて、手におえない故障といえば、すぐに母艦の修理チームが飛んでゆくし、艦内には潜水病患者の発生に備えて再圧タンクも用意され、特設された診療所には医官をはじめとする診療チームがスタンバイしていて、潜水作業をするＥＯＤたちを支えた」（落合）

「はやせ」は、掃海部隊の旗艦用に建造された海上自衛隊として初の国産掃海母艦だが、何といっても昭和四六（一九七一）年度就役の老齢艦で、派遣直前の平成三年四月には修理に入る予定だったのを延ばして、応急整備のまま派遣に参加した。艦齢二〇年ということもあって、当然ながら大小多くの不具合が発生したが、そのほとんどは自前の整備及び修理能力で対応し、任務に支障をきたすようなことはなかった。

ペルシャ湾での掃海作業中、「はやせ」は作業海面近くの泊地に錨泊し、掃海部隊の支援にあたったが、そこでもっとも苦労したのは、補給艦「ときわ」が運んできた真水や物資の貯蔵、特に真水のそれだった。

「四隻の掃海艇と母艦が必要とする真水の必要量に対し、本艦の貯蔵量ではとても足りなかったし、海水からの造水もままならなかった。そこで真水使用は掃海艇乗員優先で、本艦乗員には辛抱してもらった。物資も不自由をしのんで、艦内のあらゆる空間を利用して貯蔵した」

マザー「はやせ」の大お母さん、横山純雄艦長の述懐であるが、物資の保管はまだしも、溢れるゴミの保管が思わぬ誤算だった。

部隊の各艦艇から出るゴミは、一括して補給艦「ときわ」が預かり、ドバイの業者に処理してもらう方法が取られていたが、次の補給のため「ときわ」が戻って来るまでの間は、「はやせ」で保管しなければならない。その間、狭い甲板上に山積されたゴミの放つ悪臭が乗員たちを悩ませたが、出発前には想像もつかないできごとだった。

このほか、マザー「はやせ」で特筆されるのは、部隊内の機関紙「たおさタイムズ」の発行だろう。これは広報幕僚土肥修三佐の監修によるB４版五ページ、ワープロ印字の新聞で、各艦艇から寄せられた資料を中心に、部隊の行動や寄港地などの紹介、さらには部隊内での様々な出来事に加え、東納医官の衛生に関する話、これに神崎宏三曹が撮影した折々の写真をも載せた盛り沢山の内容となっている。「たおさタイムズ」の「たおさ」は、もちろん派遣部隊指揮官落合一佐の名前「畯（たおさ）」からとったもの。

「たおさタイムズ」は隊員たちに配られただけでなく、日本にいる家族にも届けられ、隊員たちと家族を結ぶこの上ない心の架け橋になった。特に隊員たちが家族に送る紙上伝言板「一言メッセージ」は好評で、これには作業の各段階での隊員たちの心情の変化がよく現われている。〝ペルシャ湾より愛を込めて〟のサブタイトルのついた「一言メッセージ」の抜粋に、その軌跡を追ってみると、つぎのようになる。

▽六月一八日発行の第8号
中東は、まだ六月なのに気温は四十度を越す。空気も悪く、体調も変だ。本当の暑さはこれからで、先が思いやられる。長丁場で辛いけど、フィアンセの君に会える日だけを楽しみに頑張る。
ときわ　士長　星雅一
ペルシャ湾に沈む太陽は、砂塵に、煤煙に、月のように白く悲しげです。苛酷な条件にも元気で頑張っています。わが息子たちも、己に負けずに、クラブ活動に勉学に頑張れ。
はやせ　一尉　三浦和治
おやすみは太郎の寝顔。寂しいとお前の笑顔。遠く離れた家族の心を映して、ペルシャの夜空も曇り勝ち。降らすなよ涙の雨は。
司令部　一尉　妻鳥元太郎
▽八月一日発行の第13号

砂塵に煙る黄炎の太陽。蝿蝿、蚊蚊蚊の波状攻撃のなか、波涛七千マイルのペルシャ湾で今日も旗艦艦橋に立つ。　はやせ　二尉　吸本吉久

▽八月二五日発行の第14号

高性能沈底機雷（注、イタリア製マンタのこと）は手ごわいぞ。任務完遂に向かって連日悪魔と対峙。やらねばならぬ浮世のつとめ。湾岸の夜明けはもうすぐだ。
さくしま　二曹　小野寺昭

ペルシャ湾、夕日を背にして瞼閉じ、想うは祖国の父母を。
さくしま　三曹　高橋直幸

灼熱のペルシャ湾の海で想うのは、日本に残りし妻の事。ペルシャ三曹今日も行く。
さくしま　三曹　金澤敏文

昼間のパパは光ってる。昼間のパパはカッコいい。ペルシャのパパは男です。ママ、しんちゃん。あと少しで帰ります。
さくしま　二曹　小松君男

▽九月六日発行の第15号

帰れるメド立つ。四一歳、心身ともに充実。けれど一日が長〜い。
あわしま　一曹　石岡文生

「元気だよ。心配するな」の電話の声で、妻は私の健在を知り、「ドカーン　目標は殉爆した」の声で、世界は日本の存在を知った。無事帰国して、私は家庭内で名誉ある地位を占められるだろうか。たぶん三日天下でしょう
あわしま　二曹　小針一範

▽一〇月四日発行の第16号（最終号の一つ前）

私のこちらでの夏も終りました。帰ったら、季節はずれの花火を上げよう。

あわしま　一曹　吉川薫

故国を離れて五ヶ月。機雷は嫌いになったけど、日本と家族がもっと好きになりました。

司令部　一尉　中川勝信

きょうはここでいい。と、自分でドアを閉めた。妻の顔を見られなかった。その妻に。そして、お父さんは当分帰ってこないと薄々感じていた子供たちに。もうすぐ帰るよ！

司令部　二曹　平野正哉

二、砂漠のオアシス、補給艦「ときわ」

我々掃海艇の側から見ると、補給艦「ときわ」はまさに砂漠のオアシスに見える。「ときわ」の艦影が水平線の彼方にかすかに見えてくると、初めは蜃気楼ではないかとわが目を疑う。しかし、それが蜃気楼ではなく「ときわ」であることがはっきりしてくると、胸はわくわくしはじめ、のどの渇きを覚える。水が欲しい砂漠の旅人が、オアシスを見つけたような気分。

私はオアシス「ときわ」の物質的な面もさることながら、精神的な効用を最大限に活用させてもらうべく、横付け停泊を提案したところ、各指揮官とも快く賛同下さり、天候が良ければいつでも受けいれてくれることになった。誠に有り難い。

オアシス「ときわ」両角王様とその一族の方々に感謝したい。

前出の隊内紙「たおさタイムズ」16号に載った補給艦「ときわ」に関する記述であるが、最前線ともいうべき掃海現場での活動を裏から支え、ペルシャ湾掃海派遣部隊の成功に大きく寄与した点で、その功績は大いに讃えられなければならない。

「ときわ」は「とわだ」型補給艦の二番艦として平成二（一九九〇）年三月に就役した全長一六七メートル、基準排水量八一五〇トンの大型艦で、本来は艦隊随伴補給艦として護衛艦八隻、ヘリコプター八機の一個護衛隊群に対する洋上支援能力を持っている。

その能力とは、洋上で行動する艦隊に対し、ミサイルから小銃弾に至るまでの弾薬、食料品、艦船やヘリコプター用の燃料、使用頻度の高い戦闘艦向けの部品補給などであって、真水の補給などは含まれていなかった。だから、今回の派遣に際しては掃海作業に不要な物品、弾薬類の多くは置いていき、燃料、糧食、掃海部隊用の物品などを新たに積み込んだ。

補給品のうち燃料は、護衛艦のように消費量が多くはないので、往復とも十分に手持ちで間に合ったし、食料品にしても主補給基地となったドバイでは、日本産の納豆、イカの塩辛、梅干をはじめ世界中の食料のほとんどが手に入ったが、問題は水だった。

日本からは真水九〇トンと大量のミネラルウォーターを積んで出たが、往路で寄港したパキスタンとスリランカで積んだ水に大腸菌反応が出て、下痢をした乗員を出してしまった。そこでドバイに入港して直ぐに水質検査を実施したところ、幸い合格だった。海水淡水化プラントで作られた水なので、少しばかり塩分がきついきらいはあったが、飲用として支障はなく、「今度の作戦が成功するか否かは水にかかっている」と考えていた「ときわ」艦長両角良彦一佐を安堵させた。

これで真水の確保は心配なくなったが、問題は掃海現場で作業する部隊への補給で、補給した現地部隊の水の手持ちが底をつかないうちに補給を終えた「ときわ」が、ドバイから戻らなければならないことだった。

水は艦体のバラストタンクも使って一五〇〇トン積んだ。掃海現場には長い時で七日滞在し、この間の水の最大消費量は飲料、洗濯、入浴など全部合わせて八〇〇トン前後だったが、万一の場合に備えてドバイでは常に満タンにして出港した。水の補給は「ときわ」のタンクを満タンとするのに四八時間かかったので、補給のためドバイに二日いて出港、作業現場との往復に四日というのが「ときわ」の行動サイクルの基礎になった。

掃海艇の真水タンク容量は二七トンで、最大に使えるのは二五トンまで。シャワー、手洗濯が許可された場合の一日の消費量は約五トンだから、これを四五人の乗員で使うとなると、毎日汗と砂と煤煙に汚れた身体を洗うことすら制約を受けざるを得ない。それが大体一週間おきに「ときわ」が戻ってくると水が沢山使える。心置きなくシャワーを浴びて風呂が楽しめる。まさに砂漠のオアシスであり、掃海艇の乗員たちは、これを〝ときわ温泉〟と呼んで感謝した。

掃海艇は一日の作業が終わって帰ってくると、真っ先に「ときわ」に横付けし、真水や糧食を受け取ったが、このわずか二時間足らずの横付け時間内に、風呂、洗濯を掃海艇の乗員に優先して使わせるようにし、このため洗濯機を新たに五台調達して掃海艇専用の特設洗濯場を作った。このほか「はやせ」と「ときわ」で掃海艇乗員の作業服を分担して洗濯するようにしたのも大きなサービスで、こうした〝ときわクリーニング〟の存在も、また小さからぬオアシスであった。

ときわ温泉、ときわクリーニングと来たところで、これらとは違ったサービスを担当した〝ときわ清掃局〟の存在も忘れてはならないだろう。

マザー「はやせ」のところでも触れたように、部隊から出る大量のゴミは一括して「はやせ」が預かり、ドバイから戻ってきた「ときわ」に引き渡す。そのゴミはドバイで処理業者に渡すまでは、「ときわ」が保管しなければならない。途中で海に捨てたりすると、ゴミの入ったビニール袋は浮遊機雷と見誤る恐れがあり、絶対に捨てられないからだ。

一航海の補給で、多いときはトラック五台分にもなったゴミは甲板上に積み上げられたが、灼熱の太陽の下でひどい悪臭を放ち、消毒器をかついだ衛生員が消毒と消臭に追われるという、およそオアシスには程遠い状況が出現した。

主補給基地となったアラブ首長国連邦のドバイもしくは副基地のアブダビから掃海現場のMDA－7まで約七八〇キロ、MDA－10まで約八四〇キロの距離で、「ときわ」はこの間を一一回往復した。その走行距離は一万九一四〇キロに達し、横須賀からドバイまでの往路一万三三二九キロをはるかに超えていたが、このペルシャ湾内の航行での最大の課題は、まだ残っているといわれた浮遊機雷への対応だった。

現にここに来る前、アメリカ海軍の「トリポリ」「プリンストン」の二艦が機雷に接触して大被害をこうむっていた。二艦とも大きくて頑丈な戦闘艦だったので、沈没は免れたが、無防備な「ときわ」だったらひとたまりもない。

そこで艦内では、浮遊機雷に備えて航海時の見張り強化が検討され、従来の態勢に加えて艦首見張りを三名、艦首当直を二名増員し、以後この態勢はペルシャ湾内の航行が終わるまで三ヵ月と一〇日続いたが、中でも過酷だったのは艦首見張りだった。

灼熱の陽光をもろに浴びるため、神経と体力の消耗が予想以上に激しく、それに万一触雷した場合、もっとも生命の危険度の高い配置であった。ところがこの勤務を、国内では当直にも立たない先任海曹たちが、進んで引き受けたのだ。

「若い者は我々より長く生きる権利がある。そんな彼らを先に死なせるわけにはいかない。だから危険な艦首見張りは、我々が引き受けよう」

それが先任海曹たちの言い分であったが、このことを後から知った「ときわ」艦長両角一佐を痛く感動させた。俗に〝飯の数ほど塩気がある〟といわれるが、派遣部隊の成功の裏には、こうした先任海曹たちの率先垂範があったことも付け加えておきたい。

派遣部隊のオアシス「ときわ」について、物資補給や各種のサービスと並ぶ、あるいはそれ以上に大きかったのは、隊員五一一人の健康を預かる「ときわ診療所」の存在だった。防衛庁の施設に診療所を開設する場合は、厚生大臣に届け出をしなければならないが、派遣部隊では出発に先立って、補給艦「ときわ」と掃海母艦「はやせ」の医務室についてそれを行なった。つまり派遣部隊には、法的に正規の診療所が二つあったのである。

医療活動の中心となる「ときわ」医務室には診療室のほか、八床の病室、倉庫、汚染区画付き手術室があり、人工呼吸装置、全身麻酔器、心電図、ハートモニターをはじめ主要な装備のほとんどが建造時に搭載済みで、出発に先立って歯科治療用の各種設備も増強された。

医療スタッフは外科医官の妻鳥元太郎三佐、内科医官の東納重隆一尉、歯科医官の稲葉浩明一尉、薬剤官の大畑信浩一尉、病院の医務長に相当する衛生医事幹部の友岡正治二尉、それに衛生員が司令部四人、「はやせ」「ときわ」各二人、掃海艇四隻に各一人ずつ、合わせて一七名。衛生員はいずれも準看護士の資格持ちという強力な布陣だった。

他の国の海軍は、患者が出るとヘリコプターで陸上の病院で治療する方法を取っていたが、わが派遣部隊はすべて隊内で治療する自己完結方式で、「ときわ」手術室では、東納二尉の手でソケイヘルニアの手術を行なっている。

派遣部隊の隊員五一一名がなんらかの原因で診療を受けた件数は三六七二件（うち歯科九九〇件）だから、全隊員が毎月一回強来た計算となる。症状別では、初期の五月は水虫など皮膚感染症がトップだったのが、六、七月には蚊やブヨの襲来で虫刺されが増えた。その一方、急性胃炎、下痢などの消化器系は掃海作業の開始で急上昇したが、作業の終了でピタリと減り、逆に八、九月に少なかった風邪が作業終了後の一〇月に増えるという、まさに〝病は気から〟を地で行くような結果を示した。

こうした医官たちの働きについて、単にそれだけではなかったと、派遣部隊指揮官の落合は語る。

「五一一人の体と心の健康を常に最良の状態に維持することに、今回の作業の成否がかかっていたが、妻鳥君をはじめ若い医官たちが素晴らしい働きをしてくれた。

我々でも部下について子供が何人いて親がどうしているといった表面的なことはつかめるが、今その人間がどんな苦しみを持ち、何を悩んでいるかといった内面的なことまでは分からない。それがあの白い上っ張りは魔法の衣ででもあるかのように、医官には隊員たちが心を開いて悩みを打ち明ける。これには脱帽のほかはなかった。

それともう一つは食事の管理に関する様々なアドバイスなど、心身両面にわたる医官たちの功績を忘れることは出来ない」

そう語る落合にとっても、白い上っ張りを着た医官は、魔法使いのような存在であったらしい。

「落合さんは、隊員が一人も欠けることなく全員元気で一緒に帰ろうということを、ひんぱんに言っておられたが、隊員の中で最年長、しかも最高指揮官の重責を担っておられるとあって御自分は時々倒れ、よく東納先生の点滴を受けておられた」（妻鳥）

落合が最初に点滴を受けたのは八月二三日、イラン海軍の招待でシラーズの遺跡を見学に行くという日だった。この日はあいにくかねてから悪かった歯ぐきの痛みが再発したため、医官から外出を差し止められ、点滴を打って安静にしているよう命じられたので、一切の面倒を首席幕僚の宮下一佐に頼み、歯科治療のあと東納医官の点滴を受けた。

「熟睡できていい休養となり、それ以来、点滴が好きになった」(落合)

「ときわ」及び「はやせ」診療所は、落合にとってもこの上ないオアシスだったようだが、このオアシスが一般の診療所と違うのは、いったん事が起きると大変な修羅場に変わりかねないという現実だった。

もし掃海艇が一隻触雷したら、何人くらい怪我するだろうか。その負傷者をどうやって救助するのか。収容したらどのように処置するのか。これらについて現地に行くまでに各科医官、衛生関係者たちの間でいろいろ話をしてイメージトレーニングを重ね、ある程度の構想は持っていたが、そんな話ばかりするのは縁起でもないと、一時止めてしまった。しかし、このことは誰の胸にも重くのしかかり、特に掃海作業が始まってからそれが顕著になった。

「私は全身水ぶくれとなり、火傷による高熱で目がかすんで作業できなくなった。仕方がないので、海中に突き出た起倒式無線マストの先端にしがみついて、火勢の衰えるのを待った。艦は左舷に大きく傾き、無線マストの先端が波に洗われるようになる。

海中には三、三、五、五と戦友が泳いでいるが、負傷しているせいか力つき、『天皇陛下バンザイ、お母さん』と声を振りしぼりながら、波間に姿が消えてゆく。私も無力でどうしてやることもできず、ただ『頑張れ、頑張れ』と声を投げかけるのみ。目の前で、こうした戦友の死を数多く見る。これは生き地獄だと、思った」（「飛龍」整備兵曹）

これは、太平洋戦争中の昭和一七年六月五日、ミッドウェー海戦で被爆した航空母艦「飛龍」乗員の回顧談であるが、後に沈むことになる「飛龍」艦内では、この日、凄惨な修羅場が繰り広げられていた。

戦闘開始直後から続々と死傷者が出はじめ、負傷者のうち軽傷者は応急治療を受けてすぐ戦列に復帰したが、重傷者は手術を要する。負傷者が艦内の治療所前に運ばれてくると、応急処置をして手術台に上げるが、多すぎて応じきれず、手術待ちの間に苦しみながら絶命する者も続出する。軍医長福田省三少佐以下の医務課員たちの奮闘が続いた。

「治療所の床はタイル張りだったが、出血のため床が血みどろになっても、それを拭く暇はない。拭かなければ滑る。そこで毛布を広げて足許に敷き、その上で手術をつづけ、また血があふれると毛布を重ねるということで、何人手術したか分かないほどだった。

そうこうしているうちに、通路を隔てた向かいの格納庫の火災による煙が侵入してきて、だんだん視界がきかなくなってきた。呼吸も苦しくなるので、防毒面に別缶を装着して窒息死は免れたが、やがて電燈も消えて真っ暗になり、手術も治療もできなくなった」

紙一重の差で真っ暗な治療室を脱出して生還を果たした元「飛龍」看護兵の回想であるが、戦後に起きた朝鮮戦争でも、アメリカ軍の元山上陸作戦の支援に参加した海上保安庁の掃海艇ＭＳ14号の触雷事故で死者一名、重軽傷者一八名を出しており、不測の事態への対応は派遣部隊医療陣にとって避けて通れない重要課題であった。

「戦後は、一つの軍事行動の結末として沢山の死傷者が出るというような状況がなく、我々にはそれに対応するノウハウがまったくない。その点、医療技術的には古かったけれども、太平洋戦争中の軍医の皆さんが書き残されたものが非常に参考になった。いったん負傷者が沢山出るような事態になると、フネの小さな診療所ではどうにもならないから、近くの港まで運んで現地の病院に頼むことになる。そうなると、現地のサポーターたちの日本にたいする感情がどうかというようなことが負傷者の処置にかかわってくる。その点、私の付き合った限りでは対日感情がよく、快くサポートを引き受けてくれた」（妻鳥）

ちなみに、MDA‐10の掃海作業の途中、イラン海軍の招待でイランを訪れたわが派遣部隊の隊員たちが、「おしん、おしん」といってすれ違う現地の人たちから親しみを寄せられたのもこの頃であった。

いずれにせよ、手術といえばソケイヘルニア一件のみで死傷事故は皆無。その上、ドイツ海軍やアメリカ海軍の急患の処置まで引き受けるという平和的活動に終始できたのは幸運だった。

ところで、「ときわ診療所」とならぶもう一つの大きなオアシス「ときわ郵便局」についても触れておかなければならない。

「ときわ郵便局」は、派遣部隊が日本を出発する四日前に郵政省から認可され、五月二七日のドバイ入港と同時に、局長の「ときわ」機関士今村直祐二尉以下局員五名をもって開局、現地の隊員と留守家族との仲介業務を開始した。

　ほぼ一週間のサイクルで「ときわ」が運んで来る故国からの便りは、「ときわ」郵便局の旗をなびかせた内火艇によって各艦艇に配達され、辛く単調な作業の日々を送る隊員たちにとって何よりの慰めとなり、心のオアシスとなった。中にはかっての戦時中を思わせる〝慰問袋〟などもあって隊員たちを和ませた。

　この業務は、ペルシャ湾でのすべての作業が終わり、帰国に向けてドバイを出港する前日の九月二二日まで続けられたが、内地向けの取り扱い件数は一万六八九九通に及んだ。中には国内切手収集家からのスタンプ依頼も多く含まれていたが、局員たちはこれに対しても丁寧に対応した。こうした働きに対し、「ときわ」艦長両角一佐は、「派遣部隊隊員たちの士気が低下しなかったは、このように陽の当たらない配置で努力した隊員がいたからだ」とその功績を讃えている。

三、ファザー、「たおさ」

狸親父（たぬきおやじ）ならぬ「たおさ親父」

　この項には多くの記述の必要は無いと想うが、少しだけ。

　掃海派遣部隊隊員は、等しく「たおさ」に親父を感じる。時々、「皮肉がきついなあ?」と思う事もあるが、叱るファザー「たおさ」も好き、褒（ほ）めてくれるファザー「たおさ」はも

っと好き。(「たおさタイムズ」第16号より)

あの太平洋戦争も終末を迎えようとしていた昭和二〇年四月一日、アメリカ軍は、圧倒的な火力兵力をもって沖縄本島に上陸した。これに対して大田実海軍少将(戦死後、中将)指揮の海軍沖縄方面根拠地隊は、陸軍第三二軍と共に死力を尽くして戦ったが及ばず、海軍部隊指揮官大田少将は六月一三日夜、地下壕内の海軍戦闘指揮所作戦室で自決した。自決に先立って大田司令官は、沖縄県民の犠牲的な戦いぶりを讃える電報を東京の海軍次官宛に送り、その最後に、「沖縄県民斯ク戦ヘリ、県民ニ対シ後世格別ノ御高配ヲ賜ランコトヲ」と訴えた。

絶望的な戦闘の終末にあたり、協力してくれた沖縄の人々への賛辞と、それに報いる戦後の国の配慮を依頼することを忘れなかった大田中将こそ本当の武人というべきで、沖縄は戦後、大田中将が望んだように、国の数々の施策もあって目ざましい発展を遂げている。

落合はこの大田中将の三男として生まれたが、長じて落合家を継いで姓が変わった。

落合の経歴については第一章で触れたように、昭和三八年三月の防衛大学校(第七期)卒で、卒業後は海上自衛隊に進んで掃海部隊を主として勤務し、この間に沖縄地方連絡部、海幕募集班長など隊員募集業務を経験して平成三年三月二〇日、長崎地方連絡部長から第1掃海隊群司令に着任した。ペルシャ湾掃海派遣部隊指揮官に任ぜられたのはこの直後であるが、そんな落合の人柄を語るのに格好の、こんなエピソードがある。

それは、掃海部隊がペルシャ湾派遣から帰って間もない平成三年一二月、母校である防衛大学校で学生たちに講演をした時のことだ。講演の最後の質疑応答の際、一人の学生が落合に質問をした。

「第○○小隊の○○学生であります。ただ今、講師からいろいろ有益なお話を伺いましたが、指揮官として一番大切なことは何でありますか?」

まさに模範的な質問であり、これに対して講師がどんな返答をするのか満場の耳目が集中する中、落合の口から飛び出したのは思いもよらない言葉だった。

「大切なことは二つある。一つは指揮官はあまりできが良くないこと。もう一つは指揮官は英語が得意でないことで、それが成功のポイントだ。

ペルシャ湾行きは出発二日前の四月二四日に閣議決定され、正式に派遣部隊指揮官が発令された。多くの隊員たちはそれを見て、『あ、これはとんでもないのが司令になった。これはヤバイ。任せておいたらどうなるか分からん。俺たちがよほどしっかりしなければ』と自覚した。だから、まったく事故がなかった。

二つ目。現地では掃海に参加した九ヵ国の指揮官会議がひんぱんに開かれた。掃海海域の割り当て、いろいろな制約事項の取り決めなど議題は多岐にわたったが、私がいいかげんな解釈で、細部まできちんと理解もしていないのに、格好よくOKとかイエスなんて言ってしまったらそれで決定となる。なまじ格好よく返事なんかしたら、部隊が苦労するだけだ。

私はその場では『オー、サンキューベリマッチ』と儀礼的にいうだけで、帰ってから『今日はどんな話だったんだい？』と細かい検討に入る。だから幕僚たちをはじめみんな真剣で、一言一句間違いのないようにやってくれた」（落合）

もとより落合流のユーモアを交えたパラドックスであるが、これが大受けで、学生たちの間からワーッと歓声が上がった。

この話には続きがある。講演会のあと、校長室のとなりで校長、副校長、学生代表、主要教官たちが集まっての懇談となったが、副校長が真顔で、「落合さん、あんな話はもうしないで下さい。今の学生は本当にそう思いますから」といったという。

一八八日に及んだ派遣行動期間中、五一一名の隊員に一人の欠落者も出すことなく任務を達成するという偉業をやってのけたのは、もとより落合の指揮官としてのすぐれた資質に負うところが大きいが、それを冗談でまぶして笑い飛ばしてしまうところが並みではない。派遣部隊成功の要因は、案外、こんなところにあったといっていいのではないか。

落合は、この日の講演の中で学生の「指揮官としてもっとも大切なことは……」という質問に対して、「あまりできが良くないこと」を一つにあげて大受けしたが、その言葉とは裏腹にペルシャ湾での掃海作業中の落合の気の使いようは並みのものではなかった。

「一日の掃海作業を終え、危険海面を出た掃海艇が泊地に戻って錨を打つと、旗艦『はやせ』から群司令旗をかかげた内火艇が出てくる。艇長の出迎えを受けて艇に上がって来た落合さんは、士官室には寄らず、真っ先に乗員の食堂にやってきて、皆ご苦労だったなと気安く声をかけた。特に若い隊員には気を使っておられたようで、本当にすばらしい方だった」

「さくしま」掃海員長沢谷義男准尉の思い出であるが、この間に落合は、隊員たちの心身の状態をつかみ、明日からの安全な作戦遂行に備えていたのだが、落合の気配りは身内のみに止まらず、一緒に作業をするアメリカをはじめとする外国海軍の人たちにも及んだ。

とくに緊密なパートナーだったアメリカ掃海部隊指揮官ヒューイット大佐とは、互いに「アラビアンブラザー」と呼び合う仲になったし、連絡士官として「はやせ」に乗り組んでいたストーフ大尉は、任務を終えて退艦の際に落合が設定した日本式の退艦の儀式に、感動の涙を浮かべた。

落合の親父ぶりは、国境を越えていたといっていいだろう。

「落合さんは自分以外の人の立場、その仕事にかかわっている人の思いの分かる指揮官だった」（掃海母艦「はやせ」砲術長、岡浩一尉）

「非常に気を使っておられるけれども、またそれを見せないよう気を使われる方。そのぶんストレスも大きかったのでは……」（掃海幕僚B、藤田民雄二佐）

この結果、「ご自分は倒れて、よく東納先生に点滴を打ってもらっていた」（「ときわ」診療所、妻鳥三佐）ということになったのであろうか。

一切の掃海作業が終わり、部隊がアラブ首長国連邦のドバイで帰国準備をしていた九月半ばごろ、落合は一通の外国郵便を受け取った。それは故郷のウォーターバレーに帰ったストーフ大尉からで、つぎのような出来事がしたためられていた。

「親愛なるキャプテン落合。『はやせ』退艦の際はすばらしい見送りを有難う。帰国して故郷に着いたら、妻や子供たちが大変喜んでくれた。しかし、もっといいことが待っていた。それは私の帰還を祝う市のセレモニーで、市の中心部の広場にしつらえたステージに私と妻と息子たちを立たせて、町長が私の功績をたたえ、これは市民を代表しての声であると言った。そのあとブラスバンドを先頭にオープンカーによるパレードが始まり、町中の人が私の凱旋を祝福してくれた。妻も息子たちも大喜びで、わが人生で最良の日となった。

海軍軍人になって湾岸戦争に参加し、国家に貢献できたことをこの上もなく誇りに思う」

警察官や消防にかかわる人たちにしても同じだが、軍人には国の命令に従って己の身を省みることなく、国民に奉仕する責務があり、その行為に対して国民は敬意を払う。だから誇りをもって任務に当たることができるのであり、ストーフの手紙はアメリカの強さの一端を落合に教えてくれた。

「さて、それに引き替え、わが国の場合はどうであろうか。一ヵ月半後に帰国して故郷に帰った隊員たちを、わが国民はどのように迎えるのであろうか。アル・ラシッド港に係留中の旗艦『はやせ』の私室で、机の上に足を乗せ、この五ヵ月間、私と共に戦ってきた指先の水虫を掻きながら、私はぼんやりと、そんなことを考えていた」（落合、「波涛」平成一二年五月号より）

それは、重責を果たし終えた「たおさ親父」の偽らざる感慨であろうか。

第八章――凱旋

一、さようならペルシャ湾

機雷危険海域MDA-7、同-10に続き、クウェート沖やカフジ沖油田地帯の航路啓開など一切の掃海作業を終えたわが落合部隊は九月一三日、アラブ首長国連邦アブダビで集結したのち、すぐに場所を東南近くのドバイに移して九月二二日まで約一〇日間を休養と整備に過ごした。そして九月二三日、すっかりなじみとなったペルシャ湾との別れの日となった。

この日午後三時、米山在アラブ首長国連邦大使、在留日本人会の人たちの盛大な見送りの中、掃海艇、「はやせ」「ときわ」の順にラシッド港の岸壁を離れた。各艦艇がいっせいに吹き鳴らすひときわ長い「長一声」(別れの汽笛)は、在留邦人たちから寄せられた数々の心暖まる支援へのお礼と同時に、思い出多きペルシャ湾との訣別のメッセージでもあった。

ラシッド港の外に出た派遣部隊の六隻は、往路と同じ「はやせ」を先頭に「ひこしま」「ゆりしま」「あわしま」「さくしま」「ときわ」の順に単縦陣を組み、ペルシャ湾東端の狭いホルムズ海峡を目指して航行を開始した。二四日夜明け前にホルムズ海峡のもっとも狭い通行分離帯を通ってペルシャ湾を抜け、二五日午前九時、最初の寄港地であるオマーン王国の首都マスカットに入港した。

「たおさタイムズ」の表現を借りると、「薄茶色の山肌の岩山に寄り添うように白い家がひしめいて、まるで地中海の国のような風景」の中を、喫水の関係で投錨となった「ときわ」を除く五隻は、塙在オマーン大使らの出迎えの中、静かにマスカット港第五岸壁に接岸した。

いつものことながら、新しい港に入ると派遣部隊幹部は俄然、忙しくなる。まずオマーン王国政府や海軍関係者らへの表敬訪問、さらに在泊中のアメリカ海軍軍艦「クリーブランド」での艦上レセプション、その後の塙大使主催の夕食会と多忙な行事をこなした。

翌二六日も朝から日本人学校生徒六〇人を含む在留邦人たちの艦内見学、夕方からはアメリカやオーストラリア海軍士官を招いての「はやせ」艦上でのレセプションと、限られた時間はまたたく間に過ぎ去り、二七日の出発の朝を迎えた。

正味二日の慌(あわ)ただしい滞在を終えた派遣部隊は二七日午前九時、塙大使らの見送りのうちにマスカットを出港、オマーン湾を出るとアラビア海に入った。次の寄港地となるスリランカのコロンボ港まで約三〇〇〇キロ、ほぼ一週間の航程となるが、さすがに広大な海洋ともなると南東から押し寄せる大きなうねりに、小さな掃海艇は前後左右に揺さぶられ、静かだったペルシャ湾が懐かしく思われるほどだった。

マスカット港を出てから四日目、五日目にあたる九月三〇日、一〇月一日の両日、「ときわ」「はやせ」がそれぞれ掃海艇二隻に対し、縦曳き方式による洋上での真水及び燃料の補給を行なったが、さすがに往路から経験を重ねてきただけあって、作業はきわめてスムーズに終えた。

一〇月二日には一三九日ぶりのスコールに見舞われたが、もう一つの珍客、インド海軍の哨戒機が現われ、隊列の上空を三回にわたってローパスして飛び去った。往路ではベンガル湾で同じようなことがあったが、前回はソ連製のツポレフTu95「ベア」だったのが、今回はアメリカ製のロッキードP3Cだったのが違っていた。

オマーンのマスカット港を出てからちょうど一週間たった一〇月四日朝、派遣部隊の六隻はインドの南端をかすめてスリランカのコロンボ港に到着、クイーンエリザベス岸壁に接岸した。

翌五日、在留日本人会の会員約一〇〇名が部隊を訪れ、補給艦「ときわ」での艦内昼食会を、隊員たちも午前、午後に分かれて、コロンボ市内に繰り出し、見物や史跡探訪を楽しんだ。往路、コロンボに上陸したときは、これから先に待ち受ける危険な作業への懸念から控えていた土産類のショッピングも心置きなく済ませ、やけに辛いスリランカカレーの味も忘れられない思い出となった。

二泊三日の寄港を終えた派遣部隊は午前八時半、派遣部隊指揮官落合一佐座乗の旗艦「はやせ」を先頭にコロンボ港を後にした。港を出ると南下し、スリランカの南を回って夕方には東に進路を変え、マスカット―コロンボ間とほぼ同じ三〇〇〇キロ先のシンガポールを目指したが、うねりの大きかったアラビア海にくらべると、ベンガル湾は静かな海だった。

左舷にベンガル湾、右舷にインド洋と、島一つ見えない広大な海を望みながらの航海は、五〇〇トンに満たない木造船の掃海艇が本来すべきことではない。だから、同じ掃海作業に来ていたドイツ海軍がやったように、フネだけ大きなコンテナ船に積んで帰れないものか検討したこともあったが、適当なフネがないこと、日本の船乗り気質として、初めから乗っていた人間がみずからの手で回航したいという気分が強いことなどから、実現しなかったいきさつがある。

そんな航海で、隊列の先頭と後尾を走る「はやせ」と「ときわ」の姿が頼もしかったが、この頃になると安全になったペルシャ湾目ざして航行するタンカーや商船がふえ、これらの船からの激励やメッセージが多く寄せられるようになって隊員たちを喜ばせた。それはオマーン沖航行中の「第二カ石丸」「コスモ・ジュピター」に始まり、ベンガル湾では一〇月七日の「ダイヤモンド・ベル」、「秀邦丸」「コスモ・ジュピター」(二度目)、九日、ニコバル諸島西方航行中の「カトリサン丸」、一〇日「オリオン・ダイヤモンド」と、三番目の寄港地シンガポールに入港するまで続いた。

長い間、危険な海面での作業ご苦労様でした。日本までの御安航を祈ります。

九・二四　コスモ・ジュピター

暑い所での作業ご苦労様でした。貴艦隊のご安航をお祈りいたします。マラッカ、シンガポールは全般的に視界不良で、ワン・ファザム・バンク付近では約一マイルとなっています。

一〇・九　カトリサン丸

隊内紙「たおさタイムズ」に載った航行中の船舶から寄せられたメッセージの一例だが、自分たちがペルシャ湾でやってきたことへの直接の反響であるだけに、改めて隊員たちに感動を与えた。

ベンガル湾（＝インド洋）横断の大航海を終えた一一日、インドネシアのスマトラ島最北端をかすめてマラッカ海峡に入ったが、折からのスマトラ島森林大火災で、空はペルシャ湾の油田火災を思い起こさせるような黒煙に覆われ、視界わずか五〇〇メートルという最悪の航海となった。それも通り抜けて一二日には今度の派遣行動中の最南端、北緯一度〇三・六秒の地点に達し、午後にはシンガポール沖に錨を下ろした。

一夜明けた一三日午後、シンガポール港に入港した「はやせ」と掃海艇四隻はセンバワン岸壁に横付け、「ときわ」は軍艦錨地に錨を打った。これまでの砂漠と、樹木の見られない殺伐とした湾岸の風景と違って緑の多さが際立ち、何となく日本を思わせる雰囲気が隊員たちの郷愁をそそった。

岸壁には大勢の日本人会の人たちが出迎え、各級指揮官への花束贈呈が行なわれるなど華やかな入港の歓迎行事が展開されたが、隊員たちは自分たちの仕事を見つめていてくれた多くの人々がいたことに改めて喜びを感じた。このあと、さっそく補給作業に掛かり、生鮮食料品や真水などの補給を終えると、いっせいに上陸を開始、シンガポールの町に繰り出した。

酷暑の中東の街では、午後はどこの店も閉まっていたが、ここシンガポールでは午後も開けており、店の人も中国系のシンガポール人が多いので、何となく日本の雰囲気が漂う。それに食事。スリランカのカレーに続いてここのラーメンと、食事の面からもいよいよ日本が近くなったことを感じさせたシンガポール寄港であった。

シンガポールでは、派遣部隊指揮官落合にとっても嬉しい出来事があった。それは、往路に寄ったマレーシアのペナンで会ったマレーシア駐在武官江口幸一一佐（陸）から受けた、つぎのような電話であった。

「一〇月初め、天皇皇后両陛下が初めての東南アジア御訪問でマレーシアにお寄りになった際、海上自衛隊の掃海部隊がペルシャ湾での任務を終えて帰国の途に就き、今インド洋を航行中ですと申し上げたところ、陛下は喜ばれて、『湾岸の奥の非常に難しい海域を担当して機雷を沢山処理し、犠牲者を出すこともなく無事終了したと聞いて喜んでおります』とのお言葉を頂いた」

というもので、落合の胸に暖かいものがよぎった。

楽しいところほど時間の経つのは早い。食事がうまい、緑の美しいシンガポールの街も束の間の滞在で、三日目の一五日朝には次の寄港地であり、そして最後の寄港地となるフィリピンのアメリカ海軍スービック基地に向けて出港しなければならなかった。

シンガポールから基地のあるスービック湾までは、南シナ海を北上する約二六〇〇キロ、ざっと六日間の航程だが、シンガポールを出て四日目の一八日夕刻、パラワン水道沖に差し掛かった派遣部隊で、太平洋戦争中、この海域で戦死した多くの英霊を祭る洋上慰霊祭が執行された。

慰霊祭は六隻が約四〇〇〇メートルの円弧を画きながら単縦陣で航走し、艦上では純白の一種軍装に身を固めた隊員たちが整列して、厳粛な雰囲気の中で行なわれた。

派遣部隊指揮官落合一佐の慰霊の辞が終わると、酒や花が海に投げ入れられ、儀仗隊による弔銃発射、「捧げ銃」と続き、スピーカーから流れる「海行かば」の荘重なメロディーに合わせるかのように、オレンジ色の太陽が南シナ海の彼方に没して消えた。

「戦争で亡くなられた先輩たちへの慰霊と、若い隊員たちへの教育」

洋上慰霊祭の目的について落合はそう語っているが、最若年一九歳の一士から最高年五二歳の派遣部隊指揮官に至るまで、五〇〇余人の隊員たちの経歴も戦争の受けとり方もそれぞれ違うけれども、国に殉じた先輩たちへの慰霊の思いに心を一にした洋上での儀式であった。

感動的な洋上慰霊祭から二日目、シンガポールを出港して六日目に当たる一〇月二〇日正午、派遣部隊はアメリカ海軍基地を望むスービック湾に到着、基地沖合いに仮泊したが、実は帰路の最後の寄港地をスービックとしたのにはちょっとした理由(わけ)があった。

帰国を前にして、帰路の寄港地をどこにするかについて隊員の希望を募ろうと、指揮官以下全員からアンケートをとったことがあった。その際、フィリピンについては往路に寄ったスービックよりマニラの方が圧倒的に希望が多かったが、派遣部隊指揮官落合のたっての希望でスービックに決まった。

「往きにスービックに寄ったとき、アメリカ第七艦隊の凱旋を歓迎して、海岸の椰子に黄色いリボンが一面に掲げてあった。その時に基地隊司令のマーサー少将が、『落合よ、頑張ってこい。君たちが帰って来る日まで、あの歓迎のリボンはあげたままにしておく。無事に帰って来ることを祈っている』といってくれた。これは、男の信義として帰りにはどうしても寄らなくてはならない。そこで全乗員に、『男と男の約束なので、スービックで我慢してくれ』と、無理を言うことになった。そして約束通りマーサー少将は、歓迎行事をセットしてくれていた」（落合）

港外で一泊した派遣部隊は、二一日朝入港、手馴れた補給作業を早々に終えるとさっそく、アメリカ空母「インデペンデンス」見学や基地内の売店などに繰り出した。しかし、午後になると天候の状況が悪くなり、せっかく用意されていたいろいろな歓迎行事を断わらなければならない事態となった。

　折から南太平洋に発生した熱帯性低気圧が発達する気配を見せはじめ、西進を開始したからで、このまま基地に留まっていると、もろに台風に直面することとなる。それでなくとも、次の航海には荒れるバシー海峡が控えているのだ。しかし急いで出港すれば、半年も待って歓迎行事をセットしてくれたマーサー少将の好意を無にすることになる。

「これが護衛艦であったなら、二五、六ノットでスマートに台風の前を突っ切ることも可能なのだが、掃海艇は全力で走っても一〇ノットしか出ない。そこでマーサー少将には丁重にお詫びして、急いで出港することにした。彼も『それはグッドチョイスだ。行きなさい』と言ってくれた。結果的に被害を受けることなく台風をかわせたが、もしあそこで躊躇していたら危なかった」（落合）

この日朝九時に入港した派遣部隊はわずか八時間の滞在で、午後五時にスービックを出たが、出港する派遣部隊上空を空母「インデペンデンス」の艦載機が編隊で通過し、編隊長機から「ウエルカムホーム・メッセージ」が伝達された。それは、心ならずも急いで出立しなければならなかった落合部隊への、マーサー少将からの許容と歓送のメーセージでもあった。

後に台風二三号に発達する熱帯性低気圧の影響で、スービック湾を出た艦隊は、すぐに北東の大きなうねりに翻弄され始めた。結局、この大きなうねりは激しい船酔いを呼んで、日本に到達するまで派遣部隊の隊員たちを悩ませ続けたが、さすがにペルシャ湾で鍛えられてきた彼らはしたたかであった。

「同じフネでも大きいのと小さいのとではひどく違う。掃海艇のような小さいフネは、時化にあったらたまらない。こちらは右に左に大揺れで、船酔いで苦しんでいるというのに、大きな『ときわ』なんかはスタビライザーがついていてスーッと走って行く。甲板上ではキャッチボールなどやっているのが見える。しかし、船酔いだからといって食べずにはいられないから、片手で何かにつかまりながら、片手で食べ物を口に運んだ。そんな状態が鹿児島県の沖を通って豊後水道に入るまで続いた」（「さくしま」掃海員長、沢谷義男准尉）

スービックを出て三日目、派遣部隊はフィリピンと台湾の間のバシー海峡を通過、ここでも洋上慰霊祭を行なって太平洋に出ると、いよいよ日本の領海だ。

レーダーのスコープに八重山諸島、先島諸島など日本最南端の島々、さらには沖縄本島などが映り出す。そのうち肉眼でも見えるようになり、島影を認めた艦橋から、「右前方に島影、石垣島」と艦内マイクの放送が流されると、船酔いでベッドに横になっていた者も跳ね起きて、甲板に出て前方を凝視している。

それは紛(まぎ)れもない祖国日本の島であり、「われわれは本当に日本に帰ってきたんだ」との実感を派遣隊員たちが抱いた瞬間でもあった。

日本の領海に入った直後から、派遣部隊の上空がにわかに賑やかになった。まず現われたのが二三日の朝日、読売、毎日の各新聞社、日本テレビなどの報道取材機五機、続いてアメリカ海軍のP3C対潜哨戒機。これは帰国歓迎のメッセージを発しての歓迎飛行で、翌二四日になると、さらに賑やかになり、取材陣の飛行機を皮切りに航空自衛隊のC130二機、海上自衛隊のP3C四機、航空自衛隊のF4「ファントム」戦闘機四機、F15戦闘機四機などが相次いで上空に飛来し、派遣部隊の隊員たちも上空に向けて手を振るのに忙しかった。

鹿児島県の大隅半島沖を回って豊後水道に入り、四国西端に長く突き出した佐田岬半島を過ぎるといよいよ瀬戸内海だ。緑の美しい島々、海の色、空の光、そして空気の匂い。どれもこれも間違いなく日本のそれだ。

広島湾の入り口に横たわる屋代島をかわして湾内に入った派遣部隊艦艇の六隻は、ひとまず広島湾沖合いに浮かぶ小黒神島の南約一五〇〇メートルの海域に錨を下ろした。時に一〇月二七日一三時四九分。九月二三日にペルシャ湾のドバイを出て三四日目、総航程一万三〇〇〇キロを超える大航海の終焉であった。

二、勇者たち帰る

掃海部隊はついに帰ってきた。しかし厳密にいえば、まだその航海は終わりを告げたわけではなかった。錨を下ろした小黒神島沖から最終目的地の呉までは直線距離にしてわずか二〇キロと少々、時間にして一時間そこそこだが、派遣部隊の六隻は、その日のうちに呉に入ることができず、帰国行事の都合で三晩ほど、ここで留まらなければならなかったからだ。

帰国行事については、政府部内で散々もめた末に海部首相の出席と防衛庁長官の主催が決まったが、開催が海部首相の都合で三〇日となったためで、一時も早く家族や愛する人たちに会いたい隊員たちを長時間無為に拘束するのを避けるため、呉入港前日の二九日には佐久間統幕議長、岡部海上幕僚長、伊藤自衛艦隊司令官、村中防衛部長、それに在日アメリカ海軍司令官ヘルナンデス少将も加わって隊員たちとの懇談が実施された。

そして同じこの日、書類審査のみであったが、隊員たちが持ち込むお土産などについての入関手続きも終わり、やっと待望の呉入港の日を迎えた。

往きに母港を出てから一八八日目にあたる平成三年一〇月三〇日朝七時半、小黒神島沖の錨地を出発した掃海母艦「はやせ」以下の派遣部隊艦艇六隻は、最終目的地呉を目指して航行を開始した。

江田島の北側を通り約一時間半の航行の後、午前九時過ぎに呉港沖に姿を現わすと、部隊の出港時には見られなかった出迎えのフェリーが近づき、「歓迎、尊い任務に心から感謝します」の横断幕を掲げ、船上からは約四〇〇人が日の丸の小旗を振って迎えた。

その一方では臨海公園に集まった反対派のシュプレヒコールが流れ、海上では平和団体ピースリンクのボート約二〇艘ほどが、掃海部隊の接岸を阻もうと突っ込んでくるが、警備の呉海上保安部のゴムボートが阻止して近寄れない。

この警備のために、呉海上保安部が動員した巡視船艇は六〇隻に及び、万全の体制が敷かれたが、それでも行きと帰りとでは大きな変化が感じられたと、第20掃海隊司令木津宗一二佐は語る。

「最初出港する時、反対運動がひどかった。だから、帰ってきたときも当然それがあるものと覚悟していた。小黒神島沖の錨地を出て呉のFバースに接岸するまでの約二時間、海上保安庁の巡視船が周囲をガードする物々しい入港となったが、岸に近づくにつれて騒がしいので、また何か反対を叫んでいるのかと思ったらまったく逆で、『ご苦労様でした。お疲れ様でした』と言っている。半年の間に大きな変化があったのだが、この変化には伏線があったと思う。

現地のMDA-7で掃海作業をやっていた七月はじめごろ、日本から新聞、テレビ、週刊誌など報道陣約二十数名が取材に来た。その一つが日本テレビの『追跡』という番組で、こうしたテレビの放映や新聞報道などによって国民の皆さんの理解が深まったのでは……」

午前九時ちょっと過ぎ、旗艦『はやせ』を先頭に派遣部隊の六隻が呉港沖に姿を現わし、各艦艇は正装した隊員たちが舷側に並ぶ厳粛な「登舷礼」をとって入港してきた。近づくにつれ、登舷礼の列の中に夫の、父の、そして恋人の姿を見つけた人たちの間から歓声があがる。

九時半、呉音楽隊の演奏する軍艦マーチが鳴り響く中を「はやせ」以下六隻がつぎつぎに接岸、Fバースに集まった一二〇〇人に及んだ家族、関係者たちの興奮はいよいよ高まる。しかし、待ち望んだ再会はもうしばらくお預けだ。

帰国歓迎式典は、自衛隊の最高指揮官である海部俊樹首相の到着を待って、派遣部隊旗艦「はやせ」艦上で一〇時四五分に開始された。

栄誉礼で迎えられた首相は、派遣部隊指揮官落合一佐の案内で艦内に入り、防衛庁長官、統幕議長、海幕長、自衛艦隊司令官らの前で落合から帰国報告を受けたが、首相は終始、上機嫌で、三〇分の予定が大幅に伸びてしまった。

首相への帰国報告を終えた落合は、一足先に「はやせ」を降りると、Fバースにしつらえられた歓迎式場の式台に上がり、「国民の皆様の心あたたまるご支援と激励によって無事任務を成し遂げることができました」と挨拶すると、一帯は大きな拍手に包まれた。

歓迎式典で海部首相は、「諸君の今回の活躍は、わが国の国際貢献の輝かしい先駆として、長く国民の記憶にとどめられるであろう」と訓示。あと池田防衛庁長官が「この静かなプロフェッショナリズムは、関係諸国の賞賛の的であり、まさに全自衛隊の模範である。よくぞ成し遂げてくれた」と述べたのをはじめ、多くの来賓からの賛辞が続いたが、中でも注目されたのはアル・シャリーク在日クウェート大使の挨拶だった。

「日本が初めて海外に自衛隊を送ったことの意味は、全世界が高く評価すると思います」と述べ、湾岸戦争に際して日本がとった国際貢献への対応についてのクウェートの非難や無関心さを一掃する発言を披露した。実際にクウェートの人々が日本掃海部隊の活躍を知ったのは、クウェート沖の航路拡張作業を終えたわが掃海部隊の艦艇が九月四日、クウェートのアル・シュワイク港に寄港してからであった。

一二時にようやく式典が終わると、隊員の家族をはじめ出迎えの人たちがつぎつぎに艦艇内に入り、Fバース一帯は歓声と興奮に包まれたが、そんな中で言葉少なに向き合う父と子の姿があった。

話は半年前の派遣部隊出発時に遡る。

掃海艇「さくしま」が横須賀を出港した四月二六日、「さくしま」処分士渡邊明洋一尉の見送りにやってきた父瑞夫が帰宅したとき、急性心不全で母洋子は亡くなっていた。息子明洋はペルシャ湾に向けて出港したばかりで、このことをすぐ報せるべきかどうかで父は悩んだ。

「息子は直接機雷を扱う処分員（ＥＯＤ）の長だった。危険な職務だけに動揺を与えてはいけない」との思いからだったが、意を決した父は、約二週間後の五月九日、派遣部隊の二番目の寄港地シンガポールに飛び、落合司令に頼んで息子明洋に母の死を直接告げた。

「母が亡くなった報せにはびっくりしました。しかし、任務は機雷を扱う危険作業だけに、自分のせいで部下を死なせてはいけないと、それだけを考えていた。今度のペルシャ湾派遣は一生忘れられないものになるでしょう」

と渡邊一尉は新聞の取材記者に語っているが、はじけるような歓喜に沸き立つFバースの一隅で、父が胸に抱いた母の遺影と子が対面するひそやかな帰国のドラマもあったのである。

帰国歓迎に揺れた一〇月三〇日が終わり、翌三一日を迎えた。半年以上に及んだペルシャ湾掃海派遣部隊がその任務を終え、いよいよ正式に編成を解く解散式が挙行される日である。

多くの来賓があった前日の帰国歓迎式とは打って変わって、この日は統幕議長、海幕長、自衛艦隊司令官ら、いわば身内だけが出席しての儀式で、派遣部隊指揮官落合一佐から直属の上官に当たる自衛艦隊司令官伊藤洋二海将に対し任務の終了と部隊の解散を報告した。そしてこの後、台に上がった落合は、五百余名の隊員たちを前に餞(はなむけ)の言葉を贈った。以下はその全容である。

ペルシャ湾掃海派遣部隊の解散にあたり、一言申し述べる。

まずはじめに、「湾岸の夜明け作戦」を勇敢に且つ粘り強く戦い抜いた掃海派遣部隊隊員諸官に、アメリカ中央軍海軍部隊指揮官テーラー少将と、我々とともに肩を抱きあい掃海作業を実施したアメリカ海軍対機雷戦部隊指揮官ヒューイット大佐から、当部隊に寄贈された機雷に添付されているメッセージを紹介する。

本日ここに、日本国海上自衛隊の勇敢なる将兵の栄誉を讃え、イラクが敷設した触発機雷LUGM145を贈る。「はやせ」「ひこしま」「ゆりしま」「あわしま」「さくしま」「ときわ」の六隻からなるこの海上自衛隊の部隊は、アメリカの「Operation Desert Storm」の成功とアラビア湾（注、ペルシャ湾のこと）における機雷排除に直接寄与するため、困難且つ危険な海域に幾度となく踏み入ったものである。

アメリカ中央軍海軍部隊司令官　テーラー少将

北アラビア湾の危険極まりない機雷危険海域において、一九九一年六月から九月にわたり、アメリカ海軍対機雷戦部隊と密接に連携を取りつつ、勇敢に掃海作業に携わった親愛なる落合司令及び彼の将兵に対し、ここにイラクが敷設したUDM機雷を贈る。

アメリカ海軍対機雷戦部隊指揮官　ヒューイット大佐

我々と共に作業を実施したアメリカ海軍の両指揮官がこのメッセージに述べているとおり、掃海派遣部隊は実に見事に任務を遂行した。このことを私は指揮官として大変嬉しく思うし、諸官をこの上もなく誇りに思う。

ここで、次の三つのことを申し述べておく。

その第一点は、「感謝の気持を忘れるな」ということである。

今、申し述べたとおり、掃海派遣部隊がその任務を果たし得たのは、申すまでもなくここに居る隊員諸官の献身的な努力の結果であることには違いないが、その蔭には我々を心から支援してくれた防衛庁、海幕、自衛艦隊に加え横須賀、呉、佐世保の各地方隊をはじめ多くの関係部隊、また外務省、各寄港地及び湾岸諸国の大使館、在留邦人の方々、あるいは我々に千羽鶴を、メッセージを贈って暖かく激励し、支援をしてくれた多くの国民の方々の善意、我々を信頼し、留守を守り抜いた家族の力強いバックアップがあったことを忘れてはならない。これらの方々に対し、我々は常に感謝の気持を持ち続けよう。

その第二点は、「誇り」について、である。

掃海派遣部隊隊員諸君は、この半年間、ペルシャ湾において、高温多湿、砂塵に煤煙といった劣悪な環境のもと、機雷処分という危険きわまりない作業を黙々として実施し、船舶の安全航行を確保するという任務を完遂して国際的に多大な貢献をしたことは、実に見事であり、大いに誇りとするところである。これは、ひとえに諸官の自己の使命に対する強い自覚と、それぞれの立場で自己の最善を尽くした努力の賜物であり、諸官も大いに誇りとするところであろう。

だがしかし、「誇り」とは自分の胸の中にソッとしまっておくべきものであり、これを

「鼻先」にブラ下げたり、他人に見せびらかしたり、ペラペラしゃべったりするものではない。それをしたとたんに、「誇り」は真の「誇り」ではなくゴミ、チリ、芥のホコリと化してしまう。

誇り高きOMF(掃海派遣部隊の略)隊員諸官、諸官の胸に燦然と輝く、「ペルシャ湾掃海派遣部隊隊員記念賞」と同様に、「この誇り」を自分を磨く糧として心の中に大切に仕舞って置き、苦しい時に「何くそ」と自分を奮い立たせる道具として、あるいは、自分自身の心を、人間性を磨く糧として使って欲しい。

第三点は、「練磨」についてである。

今回の「湾岸の夜明け作戦」を通じて我々が立派に任務を果たし得たのは、ひとえにOMF隊員諸官が硫黄島で、MINEX(マイン・エクササイズ、機雷戦訓練)で、あるいは戦技で鍛えた実力を遺憾なく発揮したからにほかならない。しかし、実力は一日にして付くものではない。常日頃からの不断の練磨がなければ、「いざ」という時の「力の発揮」にはつながらない。誇り高きOMF隊員諸官、さっそく今日から切磋琢磨し、腕を磨き、明日に備え、常に鍛えて逞しくなろう。以上、

◎「感謝」の気持を忘れない。
◎「誇り」は自分を磨く糧とする。
◎常に鍛えて逞しくなろう。

と申し述べて訓示とする。

これをもってペルシャ湾掃海派遣部隊を解散する。

横須賀、佐世保への安全なる航海を祈るとともに、ご家族の皆様によろしく伝えて欲しい。

それは往年の日露戦争が終わった際の東郷司令長官による「連合艦隊解散の辞」にも匹敵する名訓示であったと、海軍兵学校第七七期会報「江田島」第55号（平成四年六月）で絶賛（柳川荘一郎）しているが、このあと「これをもって部隊を解散する」と宣言した落合の行動が、また意表をつくものであった。

何と「掃海派遣部隊の諸官に対して、敬意を表して敬礼する」と言ってサッと右手を挙げ、隊員たち（厳密には元隊員というべきだが）に対して挙手の礼をしたのだ。上級者が先に敬礼をするという異例の出来事に、最初はとまどっていた隊員たちも、我に返ったようにパラパラと敬礼をしはじめたが、今度は手を下ろそうとしない。

無理もない。普通は上級者が手を下ろすのを見て「直れ！」の号令が掛かるからだ。

「おい、早く直れをしてくれよ。そうでないとオレが手を下ろせない」

こうして最後は和やかな雰囲気のうちに解散式を終えたが、呉を母港とする掃海母艦「はやせ」と掃海艇「ゆりしま」をのぞく他の四隻は、この日の午後、それぞれの母港に向けて出港した。

航路のほとんどが瀬戸内海の、佐世保に帰る「ひこしま」は別として、横須賀に帰る三隻のうち大艦の補給艦「ときわ」を除く、小さな二隻の掃海艇「あわしま」「さくしま」にとっては気の抜けない航海だ。

ペルシャ湾を発って帰国の途につこうというとき、派遣部隊指揮官の落合は、「百里の道は九十九里をもって半ばとなす」という古い格言を引いて帰路の油断を戒めたが、「あわしま」「さくしま」を率いる第20掃海隊司令木津二佐にとっても、最後の正念場となった。木津は語る。

「たかだか二晩三日の航海だったが、永年船乗りをやっていて、この航海ほど緊張したことはなかった。

『ときわ』は大きいフネで少々揺れても大丈夫なので、四国の沖を走るコースを通った。我々の掃海艇も最初は同じコースを予定していたが、風が強く海が荒れているというので、別行動の内海航路を選び、横須賀の手前、伊豆大島沖で合流する道を選んだ」

いわば、海上自衛隊の家言ともなっている「最後のもやいを取るまで気を抜くな」を忠実に実行したわけだが、この慎重さが派遣部隊全員に浸透していたからこそ、後述するように遅れた装備にもかかわらず、一人も欠けることのない〝完全試合〟が実現したと言えよう。

落合は語る。

「彼らは特に選抜されたわけではなく、ごく普通の隊員たちだったが、あれだけのことをやってくれた。そして当時一九歳か二〇歳くらいの一等海士だったのがたくましく成長し、自信に溢れた顔をしているのを見ると、人間あることを成し遂げるとこうも違うものかと、改めて感心させられた。海上自衛隊の人づくりは間違っていなかったと思う。すばらしい隊員たちと行動を共にできた幸運に感謝したい」

各母港に帰った隊員たちは、わずかな当直を残し、それぞれ四五日間の特別休暇に向けてフネを降りていった。

三、ペルシャ湾派遣がもたらしたもの

ペルシャ湾掃海派遣部隊は、大任を果たして全員、無事帰国した。厳密にいえば掃海作業がほとんど終わった九月七日、「ときわ」の乗員一人が、そして一八日に「はやせ」の乗員一人がそれぞれ疲労のため体調を崩して一足先に民間機で帰っているが、ともあれ五一一名の隊員が一人も欠けることなく帰国できたことは、間違いなく大偉業だ。

しかも彼らは遅れて出て行ったがゆえに、残されたもっとも難しい海域を当てがわれたにも関わらず、処分機雷数三四個、掃海面積一二〇八平方マイル（三一二九平方キロ）という輝かしい成果を挙げた。

もとよりこの数字は指揮官以下五百余名の隊員たちの高い技術と士気によって得られたものだが、反面、様々な弱点も露呈された。その第一は部隊編成の艦種構成だ。掃海母艦、補給艦各一隻、掃海艇四隻の合わせて六隻のうち、艦隊を守るべき砲は掃海母艦「はやせ」の三インチ連装速射砲一門だけで、あとは二〇ミリ多銃身機関砲が「はやせ」と各掃海艇に一丁ずつあるだけ。これではフィリピン近海やマラッカ海峡に出没する海賊艇はおろか、きわ

めて危険な存在だったペルシャ湾のイラン革命防衛隊に属する高速艇の襲撃に対しても十分とはいえない。

現に夜、掃海海域の外側に仮泊していたわが掃海部隊に高速艇が接近してきたことがあったが、先にも述べたように、イランが日本に対して好意を抱いていたことが、日本掃海部隊への襲撃を思い止まらせたと考えられる。しかし、正体不明のフネの接近は決して気持ちのいいものではなく、さる若い海士長は、帰国時の新聞記者の「不安、危険を感じたことは」という質問に対し、「夜、不審船の音にぞっとした」と答えている。

派遣艦隊の陣容を見たとき、指揮官の落合は、艦隊防備の手薄さに気づき、「丸裸の掃海艇に護衛艦もつけずに七〇〇〇マイルもの遠いところに行かせるのは無茶だ。護衛艦が駄目なら、せめて補給艦の『ときわ』にヘリコプターを積んでほしい」と頼んだが、それも聞き入れられなかった。ヘリコプター搭載も護衛艦の随伴も、派遣部隊に軍事色が強すぎる印象を与えかねないという、おかしな思惑からだったが、結果的に、ほとんどの作業を一緒にやったアメリカ海軍の武力に頼ることになった。

実際に掃海危険海域の作業にあたっては、アメリカ海軍の掃海ヘリコプターが事前掃海をやってくれたし、「ときわ」の艦上で開かれた日米合同のスチールビーチパーティーの際にも、沖にはアメリカ海軍のフリゲート艦がしっかり見張っていてくれた。自前のヘリコプターが無いため、アメリカ海軍のヘリコプターにはしばしばお世話になったが、それは同じネイビーの指揮官としていささか落合のプライドを損なうものであった。

たとえ戦闘が終わった海域への出動ではあっても、艦隊として有事即応の戦力は保持すべきであるが、掃海部隊のもっとも主要な戦力である掃海用の機器類についても、その装備は万全とは言えなかった。

このことについて、掃海艇「ひこしま」艇長の新野浩行三佐は、つぎのように言っている。

「海上自衛隊創設以来の掃海の諸先輩たちの努力によって受け継がれて来た掃海術科能力は、欧米諸国の海軍に比べて決して劣ってはいないと考えるが、装備武器については二流以下であるとのそしりは免れないだろう」（「艦船と安全」一九九二年二月号）

MDA-7での作業が機雷掃海から掃討に移った初期のころ、S-4というリモコン式の掃海具が使われていた。初期に処分された機雷のうち五個はこのS-4によるものだったが、このS-4には、外国海軍の掃海艇に使われている機雷処分具にあるようなテレビカメラがついていなかった。

そこで、部隊指揮官の落合が部隊の出港前に大急ぎで集めた機雷識別用の水中テレビカメラ二種を持って行ったが、何分にも試作品だったことと使用訓練の時間がなかったために使いこなせず、結局は従来どおり、テレビカメラなしの機雷処分具で機雷と対決することとなった。

ソーナーが機雷を探知した。そのスクリーンに入ったS-4の映像を、潮の流れによって生じるずれを「右寄せ」「左寄せ」と修正しながら機雷の映像に向けて誘導し、機雷の一ヤードとか一ヤード半手前でS-4に装着された爆雷を落とす。むかしの日本海軍の爆撃の要領だが、一方、掃海艇の方は機雷爆発の際の危険回避とソーナーの映り具合の両方を考え、一〇〇ヤードくらいのところで静止するよう微速後進をかけるという、高度の操艦技量が要求される。

いわば名人芸が必要とされるが、欧米海軍の場合は自艇の位置、機雷処分具の位置、ソーナーに映った機雷の位置などの情報処理をすべてコンピューターでコントロールし、どこを走ればいいかなどを自動的に表示するようになっていた。

日本の掃海システムの遅れを、端的に示す事例がある。あるとき、派遣部隊司令部で大きなチャートを作り、機雷の位置をプロットしてみたことがあった。すると、中にどうしても一つ抜けるところがあり、一ヵ月かけてそこを探させたが見つからない。その結果、実はすでに処分していたのを位置を間違えて記入していたものと分かった。

「まだコンピューター化されておらず、人の手によって書き込まなければならなかったための間違いで、ずいぶん無駄をした」（掃海幕僚B、藤田民雄二佐）ということだが、こうした装備の近代化について決して手を拱（こま）ねいていたわけではなく、予算が通らなかったために近代化が遅れてしまい、ペルシャ湾へはその遅れた装備のままやってきてしまったのだ。

そして、最初の機雷五個はテレビカメラなしの機雷処分具S-4を使って見事に処分に成功しているが、MDA-7での最初の作業からドバイに帰ってきたとき、外国の海軍から見にやってきた。

「テレビカメラがついていないのに、よくやれたな」

彼らは口々にそう言って賞賛したが、このことについて技術幕僚の遠藤仁二佐はこう語っている。

「日本のS－4にはテレビカメラがついていないが、外国のにはついていた。したがって、S－4にテレビカメラを積んでいなかったという意味では時代遅れだったかもしれないが、それだけ長く使われていて隊員たちがその使い方に習熟し、操作がうまい上に、故障しても隊員が自分の手ですぐ修理してしまうので稼働率一〇〇パーセント。これに対し、港で会った外国海軍の隊員に聞くと、せっかく持ってきた水中処分具も、故障すると自分で直さず、本国から修理技術者が来るの待たなければならないから、ほとんど役に立たなかったようだ。もっとも、深度が浅く潮流が速い特異な海相のペルシャ湾では、人が潜って処理するのがもっとも確かな方法だった。命を的にするという怖れは最後までつきまとったが」

ペルシャ湾で問題になった装備の遅れについて、掃海艇「ひこしま」艇長新野浩行三佐は、システムのコンピューター化や機雷処分具へのテレビカメラ装着のほかに、機雷処分具にホバリング、後進能力を付け加える、潜水用具の完全な非磁性化、気泡の出ない酸素ボンベ、潜水員（EOD）用ハンドソーナーの小型軽量化、処分艇（EODの乗るゴムボート）の消音化、航法能力の向上（GPS、MRB航法）などを挙げている。

こうした装備の遅れについては、これまでにもしばしば指摘され、改善を試みようとしたが、予算が通らなかったために近代化が遅れ、結果的にその遅れた装備のまま掃海部隊を危険な海に送り出してしまった。

実戦での体験は説得力が強い。派遣部隊の苦労の結果がようやく認められ、平成七年度から新型掃海艇「すがしま」型（五一〇トン）の建造が始まった。このクラスは世界でもっとも評価の高いイギリス海軍の「サンダウン」級掃海艇（四五〇トン）が装備している本格的な機雷掃討システムを採用し、それまで主としてEODの手で行なっていた機雷処分を人手を介することなく、最新の機雷処分具を使って行なうことが可能となった。

「すがしま」型は、ペルシャ湾派遣時の四隻と同じ沿海用の小型掃海艇だが、これに長距離の航洋性を持たせ、かつ深深度の機雷掃海能力を持つ一〇〇〇トンクラスの「やえやま」型掃海艇、老朽化した「はやせ」に代わって、ヘリコプターによる掃海支援や指揮管制能力を向上させた新型掃海母艦「うらが」（五六五〇トン）が就役するなど、掃海戦力がいちじるしく強化された。

装備の遅れの近代化や掃海戦力の強化と共に、ペルシャ湾掃海派遣部隊がもたらしたもう一つの大きな功績は、自衛隊に対する国民意識の大きな変化だろう。

政府の優柔不断から派遣部隊の派遣決定は遅れに遅れ、しかも肝心の首相は不在で出発の見送りは欠席。各艦艇の出港する母港周辺は反対運動で騒然たる有様。その上、今では信じ難いことではあるが、官邸筋から自衛艦旗の掲揚と軍艦マーチの演奏について難色が示されるという、おかしなできごとがあった。

自衛艦旗の掲揚については訓令で定められているとあって問題なしとなったが、軍艦マーチについては反論の法的根拠が無くて困っていたところ、これを伝え聞いたアメリカ海軍第七艦隊音楽隊が、代わっての演奏を申し出るという一幕があった。それならということで、海上自衛隊音楽隊が演奏することになったが、帰国に際しては何の問題もなく、六隻の派遣部隊は呉音楽隊の演奏する軍艦マーチの勇壮なメロディーに迎えられて凱旋したのである。

この劇的な変化について、呉から出た掃海艇「ゆりしま」艇長梶岡義則三佐は、つぎのように語っている。

「確か出港前に放映されたニュースステーションで、キャスターの久米宏が『今から掃海艇が出て行って、機雷が一個も無かったらどうするんだ』と言っていた。口惜しいから私も広島の新聞記者に、『あんたたちはペルシャ湾への掃海部隊派遣が決まったというのに、派遣される隊員の士気を高めるような記事はほとんど書かず、批判的な記事ばかり書くのはなぜだ?』と聞くと、『広島県は原爆の被害を受けた県で、そういうことに対するアレルギーが強いから、掃海部隊の派遣を讃美するような記事は書けないし、上司も掲載の決済をしてくれない』という。

しかし、帰ってからずっと新聞記事を読んでいて、半年の間に論調が少しずつ掃海部隊の派遣を肯定する方向に変化してゆくのが分かった。それが雲仙岳の噴火で途絶えてしまったのは残念だったが」

ペルシャ湾での修羅場を体験した掃海艇長の嘆きであるが、いったん動き出した流れは決して途絶えたわけではなかった。

エピローグ――ペルシャ湾以後、動き出した新しい日本の自衛隊

平成一三年一一月九日朝、海上自衛隊の三隻の艦隊（乗員約七〇〇名）が、インド洋に向け長崎県佐世保基地を出港した。午前六時五〇分にまず護衛艦「きりさめ」が立神桟橋を離れ、旗艦でヘリコプター搭載の大型護衛艦「くらま」、補給艦「はまな」と続いた。それは、ペルシャ湾に向けて掃海艇「ひこしま」が出港して以来一一年目のことで、海上自衛隊としては何度目かの艦隊の海外派遣であった。

目的は、成立したばかりのテロ対策特別措置法に基づく自衛隊のアメリカ・イギリス軍に対する後方支援の本番に先立つ情報収集で、部隊が出港してから九日後に現地調査隊が出発したり、ヘリコプター搭載護衛艦の随伴が認められなかったペルシャ湾派遣当時の苦い教訓が生かされていた。

省（かえり）みれば、ここまでの道のりは遠かった。一九九〇年（平成二年）に勃発した湾岸戦争の際、アメリカが日本に要求した多国籍軍への後方支援を目的とした国連平和協力法案は、野

党の反対で廃案となり、日米関係に亀裂が生じかねない事態となったが、掃海部隊の派遣とその成功がそれを救った。

そして一九九四年（平成六年）六月の国連平和維持活動（PKO）法の成立となり、以後、カンボジアを皮切りにモザンビーク、ゴラン高原、東チモールへの部隊派遣など、自衛隊のPKO活動は本格化していったが、これらの活動は海上自衛隊の後方支援の力なくしては成功しなかっただろう。

海上自衛隊による国際貢献はPKO活動に止まらず、一九九四年のルワンダ難民救済、一九九八年の国際緊急援助活動によるホンジュラスの医療・防疫支援、一九九九年のトルコ、二〇〇一年のインド大規模地震の際の援助物資輸送と続いたが、中でも一九九九年のトルコへの援助物資輸送は、ペルシャ湾以降としては、もっとも大きな国際貢献となった。

この年の八月一七日、トルコ北西部で大地震が発生し、トルコ政府からの支援要請があった。日本政府はこれに応じ、直ちに海上自衛隊の艦船による援助物資の輸送を決定した。

九月二三日、輸送艦「おおすみ」、ペルシャ湾にも行った補給艦「ときわ」、掃海母艦「ぶんご」の三隻、合わせて四三〇名から成る「トルコ共和国派遣輸送部隊」は、仮設住宅五〇〇戸などを含む援助物資を満載して神戸を出港し、トルコのイスタンブールに荷物を下ろして一一月二日に帰国した。

日本に好意を抱いている国の一つであるトルコの親日度が、これによっていっそう高まったと言われるが、二〇〇一年二月に起きたインドの大地震でも航空自衛隊、陸上自衛隊と共に海上自衛隊でも護衛艦「あまぎり」で援助物資を輸送するなど、国際貢献の活動が続いた。

こうした流れの中で、一九九八年一一月に決定した防衛計画の大綱では、防衛力の役割としてわが国の防衛、大規模国内災害への対応と共に、「より安定した安全保障環境の構築への貢献」として、国際協力も明記されるようになった。

国際社会での孤立からの脱皮であるが、この動きをさらに加速させたのが二〇〇一年九月一一日にニューヨークで起きた同時多発テロだった。

この日、ハイジャックされた民間旅客機三機がニューヨーク世界貿易センタービルや国防総省に突入、別に墜落した一機と共に乗員乗客二六六名、一般市民五〇〇〇名以上が死亡または行方不明という大惨事が発生した。

「これは戦争である」と言明したアメリカのブッシュ大統領は、テロの首謀者とされるウサマビン・ラディンの拘束を目ざし、アフガニスタンのテロ組織に対する武力行使に踏み切った。これに対しわが日本は、一三〇億ドルもの巨費を出しながら評価されなかった先の湾岸戦争の際のような事態を避けるため、一〇月二九日、「テロ対策特別措置法」を成立させた。衆議院通過からわずか一一日という速さで、野党の「牛歩戦術」など難産だったPKO法案審議の時代に比べると、まさに隔世の感であった。

護衛艦「くらま」を旗艦とする情報収集の先遣艦隊三隻がインド洋に向けて佐世保を出港したのはそれから一一日目だから、これまた素早い対応でりっぱだが、ここで気になるのはこれらの艦艇の武器使用がどこまで許されるかということだ。

もとより、わが海上自衛隊の艦隊の任務は後方支援だから、武力を使って戦闘を交える機会はほとんど無いと思われるが、現に戦闘は終わったはずのペルシャ湾ですら不審船による攻撃の危険はあった。幸い相手が攻撃を仕掛けて来なかったので戦闘にならずに済んだが、インド洋でも絶対に戦闘が起きないという保障はない。

エネルギー資源や食料などの大半を海外からの輸入に頼っているわが日本にとって、日本から南シナ海、マラッカ海峡、インド洋、アラビア海を経てペルシャ湾に至る石油輸送路、シーレーンの安全確保は死活問題であるといっていい。

これまでにも南シナ海やマラッカ海峡では、しばしば海賊行為が発生しているが、アメリカでの9・11同時多発テロ以来、テロリストによるもっと大規模な、大量破壊兵器や弾道ミサイルによるテロ攻撃の懸念が増大している。では、実際にそのような事態が起きた場合、わが海上自衛隊の艦艇はどう対応するのか。

どこの国でも軍隊を海外に派遣する場合には、武器の使用などを主とした細かい「交戦規定」を策定して出すのが当然とされているが、憲法で「戦争放棄」を定め、「軍隊」が無いはずの我が日本にはそういうことはないから、自衛艦の艦長は、「自衛官乗員服務規則」第一〇〇条の、つぎのような規定に基づいて行動するしかない。それは、

「艦長は、国際上の事件に関しては特に慎重を旨とし、かならず、条約、諸法規及び命令の範囲内において処置し、もしその範囲外にわたるものがある時は、上級指揮官または直接海上幕僚長の指令を請わなければならない」

というもので、たとえば掃海艇のどれかが不審船の襲撃を受けそうになった場合、艇長は掃海隊司令の指示を仰がなければならないが、それはいいとしても、「条約、諸法規、命令の範囲外にわたる」ような重大かつ緊急事態が発生した場合、指揮官が東京にいる海幕長にいちいち指示を仰いでいたのでは間に合わないのではないか。

先に紹介した帝国海軍時代の「軍艦外務令」では、

「軍艦は外国政府の干渉を受けることなし。もし外国政府、強いてこれに干渉を加えんとせば、兵力をもって拒むことを得」

とあり、さらに艦長については、

「外国において駐在の外交官と連絡を取り、在留帝国臣民の生命、財産の保護に任じ、これがため兵力を行使することを得」

と明快に規定している。つまり、武力行使決定の権限を艦長に委ねているのであり、これなら攻撃の危険に際して素早い行動、もしその必要があるなら先制攻撃も可能である。これに対して自衛隊法第九五条「武器などの防護の為の武器使用」があるが、同法九七条のただし書きによると、「刑法第三六条（正当防衛）又は第三七条（緊急避難）に該当する場合」のほか、「人に危害を加えてはならない」と規定されている。

実際問題として戦闘が発生した場合、人に危害を与えないで済むような防御手段などあり得ない。これでは戦うなというのも同然だが、「軍隊」でない自衛隊の戦闘行為は、わが国の平和憲法になじまない。しかし、外からの攻撃への危険に関しては、ペルシャ湾派遣時の海上自衛隊掃海部隊よりも、今イラクのサマワに派遣されている陸上自衛隊の部隊の方が遥かに大きい。そして、いつまでも危険な部分の任務を外国軍隊に頼っているわけにはいかない。

ではどうするのか。憲法改正の是非も含めて、今こそ祖国日本及び日本国民の安全と、世界平和への貢献について真剣に考え、本音で語るべき時ではないか。「日本の常識は世界の非常識」――そうつぶやいたさる幹部自衛官の嘆きが、筆者の心に重く残っている。

参考ならびに引用文献＊「湾岸の夜明け・作戦全記録」（朝雲新聞社、一九九一年一二月）＊「日本の掃海・航路啓開五十年の歩み」（図書刊行会、一九九二年三月）＊「防衛年鑑一九九二年版」＊「湾岸後と日本・掃海艇派遣」（朝日新聞、一九九一年五月三日〜一九日）＊「海外派遣・日本特別掃海隊」（朝日新聞、一九九一年六月三日〜二六日）＊「日本の防衛・平成四年度防衛白書」（防衛庁、一九九一年八月）＊「海鳴りの日々」（大久保武雄、海洋問題研究会、一九七八年）＊「油煙地獄、苦闘の掃海一八七日」（落合、THIS IS 読売、一九九二年一月号）＊「ペルシャ湾掃海派遣部隊の指揮官たち」（落合ほか、「セキュリタリアン」九一年一二月号）＊「補給艦ときわ奮闘記、上・中・下」（両角良彦、月刊「朝雲」一九九二年七月号〜九月号）＊「湾岸派遣の追憶」（新野浩行、「艦船と安全」一九九三年六月号）＊「湾岸国の医療事情―ドバイのレイ先生」（妻鳥元太郎、「修親」一九九三年一月号）＊「援軍来る」（赤井豪太、「セキュリタリアン」二〇〇一年一二月号）＊「掃海艇の一八八日が問うたもの」（牛場昭彦、「中央公論」一九九二年一月号）＊「この旗の下に集う／自衛艦旗の制定まで」（海上自衛隊二五年史編纂委員会、八一年七月）＊「日本掃海隊の朝鮮派遣」（妹尾作太男、「水交」一九九一年五月号）＊「掃海艇派遣に思う」（青木忠夫、「水交」一九九一年六月号）＊「湾岸危機を乗り越えて」（アラビア石油株式会社、一九九三年一二月）＊「湾岸戦争を振り返る」（恵竜之介、「水交」一九九一年六月号）＊「ペルシャ湾掃海派遣部隊」（海上自衛隊便り、「水交」一九九一年七月号）＊「ペルシャ湾掃海派遣の裏話」（両角良彦、「水交」一九九二年三月号）＊「たおさタイムズ」（柳川荘一郎、「水交」一九九二年九月号）＊「たおさタイムズ」第一号〜第一七号（掃海母艦「はやせ」土肥修編、一九九一年四月〜一一月）＊「父の沖縄決戦・子のペルシャ湾掃海」（一）〜（二）（落合、「水交」一九九五年四月〜五月号）＊「日本海軍地中海遠征記」（紀脩一郎、一九七四年一二月）＊「日本海軍地中海遠征秘録」（桜田久、産経新聞ニュースサービス、一九九七年一〇月）＊「飛龍天に在り・航空母艦飛龍の生涯」（碇義朗、光人社一九九四年一二月）＊「艦上の一年」（海軍中将白戸光久、一九二〇・大正九年）

単行本　平成十七年八月　光人社刊

あとがき

海上自衛隊の飛行艇開発を取り上げた「帰ってきた二式大艇」に続き、ふたたび海上自衛隊をテーマにしたドキュメントを出版することになったが、文庫化や出版社を変えて刊行されたものを含めて八〇冊ほどになる筆者の本の中でも、この「ペルシャ湾の軍艦旗」を書くに至った経緯は異色で、それは思いがけない人の縁からであった。

今から十数年前の昭和六二年秋、太平洋戦争末期の豊後水道上空での空戦で未帰還になった六人の「紫電改」パイロットを追った『紫電改の六機』(光人社)を出したが、その六人のうちの一人、米田伸也上飛曹の取材でお目にかかった熊本在住の品川淳元海軍大尉から、「実は私たち海軍機関学校五〇期の中にも八人のパイロットがいた」という話を伺(うかが)った。それがきっかけで生まれたのが「海軍機関学校八人のパイロット」(光人社)で、筆者にとって四九冊目の本であった。

そんな縁から海機五〇期のクラス会にも出席させていただくようになったが、旧海軍の故郷ともいうべき江田島で開かれた平成六年秋のクラス会で、当時、海上自衛隊第一術科学校の校長をしておられた落合畯海将補からペルシャ湾掃海派遣部隊のお話を伺い、強い感銘を受けた。なおこの落合校長は、海機五〇期中嶋忠博元海軍大尉夫人の実弟で、中嶋さんには義弟にあたる不思議なご縁であった。

大変申し訳ないことであるが、筆者はそれまで海上自衛隊の掃海部隊がペルシャ湾で活躍したことについては良く知らなかったし、特別な関心もなかった。しかし、この時の落合さんのお話が強く印象に残り、いつかは取り組んでみたいと思うようになった。そして少しずつ取材を始めたが、つぎつぎに発生するほかのテーマに追われ、本格的に取り組みはじめたのは平成一四年に入ってからだった。

執筆に際しては、退役された方を含めて多くの自衛官の方々からお話を伺った。さすがに〝実戦〟の修羅場をくぐって来られた体験談は、生き生きとしており心打たれるものが多かったが、何といっても素晴らしいのは、五百余名の派遣部隊員が一人の事故者もなく、全員無事に任務を果たして帰ってきたことで、このことが執筆中もずっと念頭から離れず、筆者の励みになった。

終わりに、序文を頂いた元統合幕僚会議議長佐久間一海将をはじめ、ご協力いただいた多くの皆様、そして出版に際し前作の「帰ってきた二式大艇」に引き続きご尽力いただいた光人社編集部に深い謝意を表したい。

愛する祖国日本が、ペルシャ湾掃海派遣部隊がそうであったように、世界の信頼と尊敬を受ける国になって欲しいと願いつつ、この本を世に送り出す次第。

〔追記〕

この本を書くに至ったきっかけを与えて下さった中嶋忠博氏は、平成一七年三月二四日逝去されました。謹んで御冥福をお祈り申し上げます。合掌。

平成一七年五月

碇　義朗

海上自衛隊ペルシャ湾掃海派遣部隊 乗員名簿

（階級、氏名、年齢、出身地の順。階級と年齢は平成三年一一月一日現在）

司令部（50名）

○指揮官
1佐 落合 畯 52 神奈川県
○首席幕僚
1佐 宮下 英久 49 広島県
○監理幕僚
3佐 宮澤 邦正 49 長野県
○気象幕僚兼副官
2尉 福永 周治 40 山口県
○掃海幕僚（丙）
3佐 四方 義博 38 京都府
○後方幕僚
3佐 城野 則重 39 佐賀県
○デッカ班長兼庶務班長
3尉 松木 康夫 43 広島県
○処分班長
1尉 中川 勝信 42 鹿児島県

○歯科長
1尉 稲葉 浩明 31 東京都
○薬剤官
1尉 大畑 信浩 33 長崎県
○警務隊長
3佐 熊倉 正造 46 広島県
○医務長
3佐 妻鳥元太郎 33 広島県
○内科長
1尉 東納 重隆 28 大分県
○情報幕僚
2佐 五十嵐憲一郎 44 東京都
○通信幕僚
3佐 依光 道洋 34 高知県
○掃海幕僚（甲）
2佐 石井 健之 44 東京都
○掃海幕僚（乙）
2佐 藤田 民雄 43 三重県

○技術幕僚
2佐　遠藤　仁　43　静岡県
○整備幕僚
2佐　鈴木　修　38　茨城県
○船体整備幹部
3佐　倉田　豊彦　38　山形県
○武器整備幹部
1尉　横山二三雄　39　福岡県
○機関整備幹部
1尉　牟田　淳　36　長崎県
○広報幕僚
3佐　土肥　修　40　千葉県
○語学幕僚
3佐　前田　嘉則　37　福岡県
○衛生医事幹部
2尉　友岡　正治　49　広島県

1曹　原　正一　42　岡山県
准尉　嶋本　博光　51　長崎県
曹長　今津　二郎　41　山口県
曹長　菊地　敏生　52　宮崎県

曹長　田口　良人　43　秋田県
准尉　吉田　勉　51　広島県
曹長　清松　淳　45　大分県
1曹　山崎　茂　37　群馬県
1曹　小川　新二　39　島根県
2曹　平野　正哉　29　熊本県
2曹　高見　耕司　30　高知県
3曹　大庭　章成　28　広島県
3曹　波多野　成美　29　大分県
3曹　姫路　峰佳　22　大分県
曹長　小池　正朗　45　広島県
2曹　藤澤　文夫　25　兵庫県
3曹　米澤　志郎　28　大阪府
3曹　神崎　宏　30　奈良県
1曹　山本　五郎　43　山口県
3曹　児玉　寿博　28　大分県
2曹　橋本　忠政　28　広島県
3曹　中山　善巳　34　奈良県
1曹　後藤　哲夫　37　島根県
曹長　亀井　広信　42　和歌山県
2曹　木田　昭仁　32　北海道

旗艦・掃海母艦「はやせ」（146名）

○艦長
2佐　横山　純雄　43　鹿児島県
○副長
3佐　森　英世　36　広島県
○船務長
1尉　富田　昭一　47　熊本県
○通信士
2尉　吹本　吉久　50　広島県
○航海長
1尉　羽原　修二　43　広島県
○掃海長
1尉　三浦　和治　47　広島県
○砲術長
1尉　岡　浩　32　広島県
○水雷士
2尉　菅森　勝美　30　福島県
○機関長
1尉　鈴木　関三　51　広島県
○機関士
3尉　中西　重徳　45　高知県
○応急長
3尉　金久　伸章　48　広島県
○補給長
2尉　福田　泰治　52　岡山県

准尉　盛満　大八　48　鹿児島県
2曹　吉村　哲夫　42　広島県
2曹　橋本　正己　40　大分県
3曹　江嶋　正　30　熊本県
3曹　山岡　三修　27　愛媛県
士長　小山内　宏　27　福岡県
1曹　高木　健次　44　広島県
2曹　植代　義直　33　広島県
3曹　黒川　肇　29　広島県
3曹　石原　博　33　岡山県
1曹　糸島　末富　43　広島県
1曹　鎌田　光治　41　広島県
2曹　高橋　雄行　35　福島県
3曹　寺本　雅行　29　広島県

士長　木村　留夫　25　大分県
2曹　新谷　正明　40　山口県
1曹　太田　博　43　山梨県
1曹　谷口　博和　42　愛媛県
1曹　長原　好広　42　広島県
2曹　松本　茂久　39　長野県
2曹　杉野　基一　34　山口県
1曹　橋本　一夫　41　兵庫県
曹長　木下　和博　42　香川県
3曹　繪所　正明　30　大阪府
2曹　井和丸　常雄　30　大分県
3曹　荒川　和仁　26　長崎県
1曹　藤本　忠幸　45　広島県
3曹　中川　貴和　32　広島県
3曹　山下　弘二　36　熊本県
3曹　池田　良光　33　東京都
3曹　相原　真　25　広島県
士長　上瀬　義孝　22　広島県
2曹　田路　新一　30　広島県
3曹　杉山　泰博　23　岡山県
3曹　脇　将　29　愛媛県

士長　由良　直人　25　香川県
士長　土井　琢磨　24　広島県
曹長　岩本　俊光　36　石川県
曹長　畑中　一泰　34　三重県
2曹　市來　嘉道　34　鹿児島県
3曹　白石　雄二　25　山口県
3曹　中村　直樹　25　鹿児島県
士長　加藤　徹　22　静岡県
2曹　高原　盛生　38　広島県
2曹　藤原　修一　27　広島県
3曹　石田　善秀　28　長崎県
1曹　行保　隆行　39　広島県
2曹　安井　理　39　島根県
2曹　光元　隆幸　35　大分県
2曹　岩崎　善治　31　群馬県
3曹　北岡　靖彦　26　和歌山県
3曹　宮島　睦明　30　熊本県
士長　山本　昌昭　27　山口県
1曹　植村　政文　44　広島県
2曹　大内　康正　40　兵庫県
3曹　田野上　誠一　26　愛媛県

2曹 濱口 護 29 長崎県
3曹 鬼丸 昭一 24 鹿児島県
3曹 久田 利巳 31 山口県
士長 梅木 智弘 23 福岡県
3曹 東島 英一 25 長崎県
3曹 角 光彦 34 鹿児島県
曹長 大原 誠史 39 愛媛県
3曹 中村 啓洋 21 広島県
2曹 矢竹 満 31 長崎県
士長 岩崎 一哉 22 鹿児島県
士長 笹平 和実 25 鹿児島県
曹長 久保 治巳 42 兵庫県
曹長 笹村 勝 46 高知県
2曹 蓑田 進治 40 熊本県
3曹 影山 豊 33 福岡県
士長 宮原 清隆 26 佐賀県
士長 伊藤 智信 21 三重県
准尉 枝常 烈 49 高知県
准尉 開内 茂美 51 広島県
1曹 尾崎 英二 42 鳥取県
1曹 藤田 稔 44 広島県

2曹 前田 真昭 35 広島県
2曹 亀岡 財巳 39 広島県
2曹 倉園 良二 32 鹿児島県
3曹 田村 健治 31 広島県
3曹 阿部 剛 32 大分県
3曹 梶原 和久 35 愛媛県
士長 田中 正嗣 28 広島県
士長 井上 征巳 26 高知県
1曹 芝崎 勇 44 三重県
1曹 中野 憲悟 43 福岡県
3曹 園田 輝昭 26 鹿児島県
3曹 本部 公也 23 宮崎県
曹長 白石 昭 49 福岡県
2曹 小野 順二 41 広島県
2曹 渕上 浩二 43 広島県
1曹 太田 正男 40 広島県
1曹 富永 憲治 40 宮崎県
曹長 原田 孝一 50 岡山県
1曹 本藤 健次 44 山口県
2曹 西山 勝則 30 広島県
2曹 有井 秀彦 33 山口県

1曹　神田　忠　47　広島県
2曹　近藤　進　38　大分県
3曹　八木　幸一　29　徳島県
士長　西川　秀樹　24　広島県
1曹　近藤　秀幸　37　愛知県
2曹　原口　康　34　福岡県
士長　赤岩　新吾　21　鹿児島県
士長　宮金　竜二　26　徳島県
士長　磯貝　明　21　広島県
士長　安常　秀雄　20　広島県
1士　岩田　智宏　19　鳥取県
1士　岩政　宣之　23　山口県
1士　迫根　一範　20　島根県
1士　武　泰彦　19　岡山県
1士　海部　弘文　22　福岡県
1士　野崎　範明　19　宮崎県
士長　片渕　幸治　22　長崎県
士長　芝原　謙二　21　鹿児島県
士長　柏原　光彦　21　岡山県
1士　武田　盛吾　23　愛媛県
1士　真砂　英樹　26　大阪府

1士　志垣　京二　19　熊本県
士長　佐藤　寿郎　21　福岡県
士長　吉迫　健一郎　21　島根県
士長　大倉　浩司　22　広島県
士長　多島　秀幸　20　大阪府
1士　長野　智哉　24　愛媛県
1士　松下　賢二　24　愛媛県
1士　原田　健一郎　22　福岡県
士長　奈良　修　21　秋田県
1士　松田　誠　20　高知県
士長　橋本　好勝　22　栃木県
士長　森長　十四郎　21　佐賀県
士長　中原　正勝　22　広島県
士長　冨　和豊　22　鹿児島県
1士　藤田　浩　25　東京都

14掃海隊・掃海艇「ひこしま」（47名）佐世保

○14掃司令
2佐　森田　良行　43　福岡県

○隊勤務
1尉　萩原　文蔵　43　鹿児島県
○隊勤務
1尉　吉田　浩司　44　北海道
○艇長
3佐　新野　浩行　49　長崎県
○船務長
1尉　井上　英敏　47　熊本県
○掃海長
2尉　廣瀬　祥三　41　鳥取県
○処分士
3尉　末永　貢　29　長崎県
○機関長
1尉　田口　泰彦　52　長崎県
准尉　山下　寛躬　47　長崎県
曹長　吉村　和夫　50　福岡県
1曹　坂本　源一　42　熊本県
2曹　渡辺　勝美　32　長崎県
1曹　中武　重輝　38　長崎県
1曹　長崎　裕二　44　鹿児島県
1曹　木山　一俊　43　長崎県

1曹　池添　賢治　42　長崎県
曹長　丸山　一樹　41　大分県
1曹　志賀　務　43　愛媛県
1曹　山中　健一　38　熊本県
2曹　琴岡　靖　33　長崎県
1曹　橋本　武司　42　長崎県
2曹　中村　好文　39　長崎県
2曹　島崎　龍夫　30　熊本県
1曹　三根　正信　40　長崎県
3曹　松川　秀樹　26　熊本県
3曹　稲尾　修二　26　福岡県
3曹　七種　修郎　30　長崎県
2曹　梅野　安行　36　長崎県
3曹　有村　裕　31　宮崎県
2曹　山口　修二　37　長崎県
3曹　森　理輝　28　福岡県
3曹　山田　博　30　長崎県
2曹　羽生　尚伸　37　鹿児島県
3曹　一ノ瀬　信也　20　福岡県
3曹　堤　吉宏　25　長崎県
3曹　今徳　道雄　26　鹿児島県

3曹　佐藤　行喜　25　宮崎県
2曹　石黒　英三　36　長崎県
3曹　渡辺　弘　23　宮崎県
3曹　中村　忠夫　33　長崎県
3曹　青田康一郎　26　長崎県
3曹　小松　弘和　30　長崎県
士長　田中　義成　22　長崎県
士長　吉永　栄二　21　熊本県
士長　中島　正雄　22　長崎県
3曹　森山　良広　28　鹿児島県
1士　椎葉　勝利　20　宮崎県

19掃海隊・掃海艇「ゆりしま」（43名）呉

○艇長
3佐　梶岡　義則　46　山口県
○船務長
1尉　吉関　勝　39　広島県
○掃海長
1尉　宮内　勇　52　愛媛県
○処分士
2尉　藤本　昌俊　48　広島県
○機関長
2尉　福田　修　43　広島県

曹長　山下　一美　37　熊本県
3曹　城下　満志　34　愛媛県
3曹　松元　祥一　23　広島県
2曹　石口　陽一　41　広島県
2曹　斎藤　肇　33　広島県
3曹　小原健太郎　22　京都府
士長　斉藤　大士　21　山口県
2曹　藤原　栄　32　徳島県
1曹　濱元　義博　42　広島県
2曹　高橋　信雄　36　広島県
2曹　永山　進　28　広島県
士長　岡野　聡志　22　広島県
2曹　松田　克人　33　兵庫県
3曹　山下　英治　30　長崎県
3曹　中島　岳人　30　広島県
2曹　伊富貴　康　40　東京都
3曹　安倍　茂樹　33　広島県

1曹 宮下 征喜 47 熊本県
2曹 五十嵐 孝 35 新潟県
3曹 原田 政明 32 鹿児島県
3曹 野村 浩二 23 宮崎県
曹長 宇郷 博夫 43 広島県
2曹 加藤 正彦 35 神奈川県
2曹 簗瀬 成人 37 鹿児島県
1曹 狩野 守邦 40 島根県
曹長 岩切 道幸 40 宮崎県
士長 薙野 秀樹 23 福岡県
3曹 坂口 勘十 27 広島県
1曹 田崎 英夫 47 宮城県
2曹 小林 義人 31 兵庫県
2曹 七河 真琴 33 広島県
1士 福田 稔広 20 京都府
士長 福本 匡秀 21 広島県
1士 谷川 淳 20 福岡県
1士 岩朝 主税 19 徳島県
1士 坂本 孝則 22 福岡県
1士 楢原 健治 24 広島県
士長 川野 憲一 21 福岡県

第20掃海隊・掃海艇
「あわしま」(47名) 横須賀

○20掃司令
2佐 木津 宗一 42 埼玉県
○隊勤務
1尉 奥田 宗光 33 東京都
○隊勤務
1尉 触井園 淳 30 兵庫県
○艇長
1尉 桂 眞彦 34 新潟県
○船務長
2尉 中村 剛 33 三重県
○掃海長
1尉 下村 隆雄 39 山口県
○処分士
2尉 富永 直則 35 神奈川県
○機関長
2尉 田中 利夫 51 神奈川県

曹長 藤沢 富重 46 神奈川県
1曹 押樽 進 47 千葉県
3曹 青柳 明文 31 神奈川県
3曹 吉原 宏治 25 神奈川県
1曹 吉川 薫 42 神奈川県
士長 横山 和彦 20 北海道
3曹 大胡 三雄 30 神奈川県
2曹 橋場美智広 32 群馬県
士長 久米 隆洋 23 北海道
2曹 高松 徳重 36 静岡県
1士 倉知 亮 19 愛知県
1曹 柳沢 弘行 48 長野県
2曹 青山 末広 37 神奈川県
士長 北 賢司 29 佐賀県
2曹 村上 武 41 神奈川県
2曹 松本 一広 43 北海道
士長 横井 肇 25 静岡県
2曹 村松 正一 35 岐阜県
3曹 山田 睦史 25 岡山県
2曹 近内 雅幸 37 福島県
3曹 石渡 明 36 栃木県

士長 今井 隆行 25 新潟県
士長 藤丸 学 20 福岡県
2曹 飯村 正則 28 東京都
1士 石井 和久 20 福島県
1曹 石渡 英雄 41 神奈川県
3曹 國井 憲二 39 神奈川県
士長 横山 勝俊 24 茨城県
士長 斉藤 龍男 22 宮城県
1曹 石岡 文生 41 神奈川県
3曹 芹沢 宏幸 29 静岡県
3曹 佐藤 斉 32 山形県
3曹 只野 貴之 24 宮城県
士長 内海 越郎 20 宮城県
士長 吉田 光治 21 佐賀県
准尉 石川紀美男 51 神奈川県
3曹 中村 正彦 30 青森県
2曹 小針 一範 34 青森県
士長 木村 健一 22 埼玉県

「さくしま」（43名）横須賀

○艇長

3佐　田村　博義　37　青森県
○船務長
2尉　望月　勝利　46　静岡県
○掃海長
1尉　河淵登亀雄　40　愛媛県
○処分士
1尉　渡邊　明洋　33　愛知県
○機関長
1尉　荒木　次男　41　佐賀県

2曹　松田　信一　38　北海道
3曹　永井　正樹　28　神奈川県
3曹　村上　令以　32　北海道
2曹　堤　誠一　32　神奈川県
3曹　小松　祐司　33　神奈川県
2曹　小野寺　昭　40　岩手県
士長　猪原　健司　22　熊本県
士長　大高　哲哉　27　兵庫県
2曹　小島　信雄　40　埼玉県
1士　平野　正己　20　新潟県
1曹　田邉　秀夫　42　東京都

2曹　金井　通男　36　神奈川県
3曹　橘　利至　26　秋田県
1曹　三瓶　誠司　43　福島県
2曹　田子　昌二　39　神奈川県
3曹　金澤　敏文　26　兵庫県
准尉　沢谷　義男　48　神奈川県
2曹　清水　英二　36　茨城県
3曹　池永　精一　27　千葉県
3曹　剣持　秀明　26　静岡県
3曹　神田　克彦　24　東京都
士長　山崎　清一　23　鳥取県
士長　高橋　亮介　20　長野県
3曹　高橋　直幸　28　山形県
1曹　鈴木　敬一　41　静岡県
3曹　上澤　啓之　33　宮城県
3曹　伊藤　昭也　24　宮城県
士長　藤原　英治　22　宮城県
2曹　岡野　満　42　神奈川県
3曹　清水　武　39　北海道
3曹　西本　達夫　30　長崎県
2曹　小松　君男　31　山形県

士長 横田 博之 21 福島県
1士 長池 直人 26 北海道
3曹 相馬 康美 26 静岡県
3曹 諏佐 淳一 32 新潟県
3曹 内倉 英樹 28 鹿児島県
士長 黒野 敏廣 23 大分県

補給艦「ときわ」（135名）

○艦長
1佐 両角 良彦 51 神奈川県
○副長
2佐 尾山 英憲 49 神奈川県
○運用長
2佐 横畑 健一 45 東京都
○機関長
3佐 川上信一郎 44 熊本県
○船務長
3佐 佐藤 直孝 36 宮城県
○補給長
3佐 坂本 三男 42 千葉県
○運用士
1尉 富森九州男 44 鹿児島県
○応急長
1尉 柏木 勝利 49 神奈川県
○機関士
2尉 今村 直祐 39 福岡県
○通信士
2尉 岩崎 英敏 27 山口県
○航海長
1尉 高橋 孝途 32 兵庫県
○補給士
3尉 河村 忠 45 神奈川県
○補給士
3尉 上野 清男 48 栃木県

曹長 白井 義彦 52 千葉県
2曹 伊藤 薫 34 広島県
2曹 鈴木 孝治 40 神奈川県
3曹 堀口 晃 35 北海道
3曹 中島 英樹 23 新潟県

3曹　栗原　浩　29　福島県
曹長　梅山　栄　51　群馬県
2曹　大橋　宣夫　31　三重県
2曹　秋田　正司　31　茨城県
2曹　山中　博文　27　熊本県
3曹　空野　順典　22　福岡県
士長　湯浅　文人　22　大阪府
3曹　木村　芳秀　27　茨城県
1曹　長谷川　中　42　神奈川県
3曹　鹿島　昌紀　27　宮崎県
曹長　大村　満　36　神奈川県
2曹　難波　英典　40　高知県
3曹　福田　暢夫　27　宮城県
3曹　成田　勇紀　25　神奈川県
3曹　金子　貴守　23　茨城県
1士　作本　直樹　20　長崎県
1士　増田　洋一　20　熊本県
1士　坂本　潤二　19　熊本県
1士　高橋　政文　24　千葉県
2曹　木下　英次　42　福岡県
1曹　酒井　秀介　43　神奈川県

3曹　林田　茂　29　大阪府
曹長　関口　住夫　47　神奈川県
曹長　平賀　靖二　40　神奈川県
1曹　佐藤　正夫　38　宮城県
1曹　溝口　康雄　38　千葉県
2曹　照　忠利　38　鹿児島県
2曹　坂崎　一成　31　岐阜県
2曹　萩原　晃　40　兵庫県
2曹　澤村　功紀　35　宮城県
3曹　葭葉　守人　23　栃木県
2曹　渡辺　総二郎　31　東京都
2曹　阿部　育実　33　福島県
3曹　大嶽　昌男　22　岐阜県
3曹　小林　勇一　23　群馬県
3曹　垣内　雅彦　29　愛媛県
3曹　鈴木　光一　27　茨城県
3曹　宮崎　堅　21　長崎県
3曹　伊藤　弘　34　山形県
3曹　高橋　勇三　29　神奈川県
3曹　阿部　良康　25　福島県
3曹　山崎　幹夫　28　静岡県

士長　鈴木　洋　23　宮城県
士長　追田　則昌　22　北海道
士長　星　雅一　22　東京都
士長　塩口　純春　21　鹿児島県
士長　横堀　修　22　群馬県
1士　山口　勝久　19　東京都
1士　高橋　正英　20　群馬県
1士　伊藤　謙一　20　静岡県
1士　皆川　真二　19　神奈川県
1士　田渕　義一　20　神奈川県
1士　平野　裕一　22　東京都
1士　榎本　巧伸　20　東京都
2士　妹尾　肇　23　岡山県
1士　相沢　浩照　19　神奈川県
1士　霧生　茂充　19　神奈川県
2士　長南　光弘　24　茨城県
1曹　守田　英基　48　熊本県
2曹　樗沢　勝春　36　新潟県
士長　山田　伸二　25　東京都
准尉　伊藤　章　48　千葉県
1曹　佐藤　秀男　44　静岡県

3曹　小笠原伸吾　25　愛知県
2曹　佐藤　智博　39　宮崎県
1曹　前田　実　34　千葉県
2曹　守屋　茂　30　埼玉県
3曹　芦沢　保　30　長野県
3曹　楢谷　美明　31　岐阜県
3曹　加藤　哲也　27　新潟県
2曹　川鍋　政明　45　栃木県
3曹　辻　宏昭　28　長崎県
3曹　小松　克明　29　福島県
士長　堀　秀吉　25　神奈川県
士長　石毛　恵一　22　千葉県
士長　神山　孝徳　22　長崎県
1曹　大河原広喜　42　東京都
2曹　平井　孝　43　静岡県
2曹　横瀬　一　30　茨城県
3曹　遊佐　博幸　28　埼玉県
2曹　佐藤　幹夫　28　青森県
3曹　細川　茂穂　29　埼玉県
3曹　安藤　恭啓　26　大分県
士長　小林　博　23　新潟県

1曹　高橋　和夫　44　神奈川県
2曹　中園　学　30　鹿児島県
2曹　寺田　徳男　31　宮城県
3曹　松浦　尚樹　26　青森県
3曹　山内　克利　22　岩手県
士長　黒沢　務　25　埼玉県
士長　船場　一紀　22　福岡県
士長　高松　誠　20　栃木県
士長　鎌倉　唱次　22　愛媛県
1士　白井　圭一　22　千葉県
士長　田中　好雄　21　山口県
1士　坂口　健一　19　滋賀県
1士　大野　隆幸　20　北海道
1士　佐々木英和　20　埼玉県
1士　藤野　裕明　19　熊本県
1士　近内　淳　20　福島県
1士　庄司　豊　19　福島県
1士　平野　俊樹　21　京都府
曹長　石ケ守　進　44　愛知県
士長　赤司　徹　24　佐賀県
曹長　稲葉　豊　48　栃木県

2曹　木村　勝征　30　神奈川県
3曹　豊永　昭彦　30　熊本県
准尉　亀岡　勝嘉　51　神奈川県
1曹　江口　和行　38　鹿児島県
3曹　増子富美雄　35　福島県
士長　中別府幸造　26　宮崎県
士長　川畑　朋幸　26　青森県
1曹　工藤　忠明　40　青森県
3曹　立川　陽治　29　広島県
士長　山口　正二　21　東京都
3曹　稲毛　信哉　28　埼玉県
士長　三浦　國和　21　岐阜県

現地連絡官

○渉外（バーレーン駐在）
防衛庁部員　田中　聡　30　兵庫県
○運用（同）
2佐　河村　雅美　44　東京都
○経理・補給（アラブ首長国連邦駐在）
2佐　寺田　康雄　40　神奈川県

NF文庫

ペルシャ湾の軍艦旗

二〇一五年二月十八日　印刷
二〇一五年二月二十三日　発行

著者　碇　義朗
発行者　高城直一
発行所　株式会社　潮書房光人社
〒102-0073　東京都千代田区九段北一-九-十一
振替／〇〇一七〇-六-五四六九三
電話／〇三-三二六五-一八六四(代)
印刷・製本　株式会社シナノ
定価はカバーに表示してあります
乱丁・落丁のものはお取りかえ
致します。本文は中性紙を使用

ISBN978-4-7698-2872-3 C0195

http://www.kojinsha.co.jp

NF文庫

刊行のことば

第二次世界大戦の戦火が熄んで五〇年——その間、小社は夥しい数の戦争の記録を渉猟し、発掘し、常に公正なる立場を貫いて書誌とし、大方の絶讃を博して今日に及ぶが、その源は、散華された世代への熱き思い入れであり、同時に、その記録を誌して平和の礎とし、後世に伝えんとするにある。

小社の出版物は、戦記、伝記、文学、エッセイ、写真集、その他、すでに一、〇〇〇点を越え、加えて戦後五〇年になんなんとするを契機として、「光人社NF（ノンフィクション）文庫」を創刊して、読者諸賢の熱烈要望におこたえする次第である。人生のバイブルとして、心弱きときの活性の糧として、散華の世代からの感動の肉声に、あなたもぜひ、耳を傾けて下さい。